普通高等教育电类基础课程"十四五"系列教材

工程电路基础

（下册）

赵录怀 郭 霞 张艳肖 编著

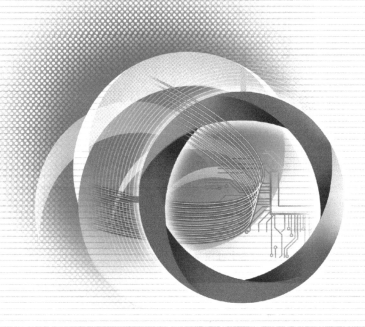

 西安交通大学出版社
XI'AN JIAOTONG UNIVERSITY PRESS

内容提要

本书主要介绍电路分析方法、半导体器件基础知识和单元电子电路的工作原理。全书分为上、下两册。上册共 8 章,分别介绍电路元件、等效电阻、电路分析常用方法、半导体二极管、双极性晶体管、场效应晶体管、集成运算放大器、一阶和二阶电路的瞬态。下册共 8 章和 1 个附录,分别介绍正弦稳态分析的相量法、三相电路、耦合电感和理想变压器、电路的频率响应、负反馈放大电路、信号发生电路、功率放大电路、直流稳压电路及使用 Micro-Cap 12 的电路仿真。

本书体系新颖,符合认知规律,理论和方法以自然的逻辑推理演绎,重视物理意义的阐述,注重培养学生理论应用能力、解决问题的能力和一定的工程意识。本书适合作为电类各专业本科生的教材,上册也适用于计算机类专业本科生使用。

图书在版编目(CIP)数据

工程电路基础. 下册 / 赵录怀,郭霞,张艳肖编著. — 西安：西安交通大学出版社,2022.8(2023.5 重印)
普通高等教育电类基础课程"十四五"系列教材
ISBN 978-7-5693-2721-2

Ⅰ. ①工… Ⅱ. ①赵… ②郭… ③张… Ⅲ. ①电路-高等学校-教材　Ⅳ. ①TM13

中国版本图书馆 CIP 数据核字(2022)第 130181 号

书　　名	工程电路基础(下册)
	GONGCHENG DIANLU JICHU(XIACE)
主　　编	赵录怀　郭　霞　张艳肖
责任编辑	贺峰涛
责任校对	李　佳
装帧设计	伍　胜
出版发行	西安交通大学出版社
	(西安市兴庆南路 1 号　邮政编码 710048)
网　　址	http://www.xjtupress.com
电　　话	(029)82668357　82667874(市场营销中心)
	(029)82668315(总编办)
传　　真	(029)82668280
印　　刷	西安日报社印务中心
开　　本	720 mm×1 000 mm　1/16　印张 15.25　字数 293 千字
版次印次	2022 年 8 月第 1 版　2023 年 5 月第 2 次印刷
书　　号	ISBN 978-7-5693-2721-2
定　　价	36.00 元

如发现印装质量问题,请与本社市场营销中心联系。
订购电话:(029)82665248　(029)82667874
投稿电话:(029)82664954
电子信箱:eibooks@163.com

前　言

　　本书是在西安交通大学城市学院多年教学实践的基础上，为电类专业本科生精心打造的理论与应用相结合的电路与模拟电子技术基础教材。本着"学用结合，易学会用"的编写原则精心构建体系和内容，选材着重于基础，合理降低理论学习的深度和广度，加强理论联系实际，有效培养学生的电路分析能力、实际应用能力和一定的工程意识。

　　本书内容可分为五大部分：电路基本概念与电路分析常用方法（第 1～3 章），半导体器件基础（第 4～7 章），一阶和二阶电路的瞬态（第 8 章），正弦稳态分析（第 9～12 章），常用单元电子电路的工作原理（第 13～16 章）。此外，附录编写了使用 Micro-Cap 的电路仿真。其中，一阶和二阶电路的瞬态也可以安排在半导体器件基础内容之前讲授，不影响内容的连贯性。教材下册内容完全可以与数字电子技术、信号与系统课程并行学习。

　　第 1～4 章、第 8～12 章由赵录怀编写，第 5～7 章由郭华编写，第 13～16 章由郭霞编写，附录由张艳肖编写，全书由赵录怀统稿。申忠如教授对本书的编写给予积极支持，并对初稿提出了一些宝贵修改意见，在此表示衷心感谢。限于作者知识与水平，书中定有不少疏漏之处，敬请读者批评与指正。

作　者

2022 年 1 月

目　录

第9章 正弦稳态分析的相量法

正弦(及余弦)函数是最基本的周期函数,自然界中许多物理现象可用正弦函数描述,几乎所有周期函数都能够用与基波频率成整倍数关系的正弦函数的组合表示。当前,电力系统仍然以正弦交流电为主。19世纪末,美国电气工程师查尔斯·P.斯坦梅茨(Charles P. Steinmetz)提出了电路正弦稳态分析的相量法。该方法应用复数表示正弦电流和电压,把微积分运算转化为复数形式的代数运算,从而简化了计算过程。

9.1 复数及其运算

电路的正弦稳态分析要使用复数运算,本节对其简要复习。在实数范围内,把数值区分为正数和负数,只有正数才可以开平方根。若定义

$$j = \sqrt{-1} \tag{9-1}$$

负数也可以开平方根,譬如

$$\sqrt{-4} = \sqrt{-1} \times \sqrt{4} = j2$$

一个实数乘以 j 称为虚数,式(9-1)定义的 j 称为虚单位。

一个实数与一个虚数相加称为复数。设 a 和 b 均为实数,定义复数 Z 为

$$Z = a + j \cdot b = a + jb \tag{9-2}$$

式中 a 和 b 分别称为复数 Z 的实部和虚部,虚部为零的复数为实数,实部为零的复数为虚数。复数 Z 可在平面上用有向线段表示,其中:它在实轴 Re 上投影的有向长度是 a,在虚轴 Im 上投影的有向长度是其虚部 b,如图9-1所示,表示复数的平面称为复平面。

有向线段的长度称为复数 Z 的模(值),表示为 $|Z|$。有向线段与实轴间的夹角 φ 称为辐角,φ 一般取 $-\pi \leqslant \varphi \leqslant \pi$ 或 $-180° \leqslant \varphi \leqslant 180°$。由图9-1,复数的实、虚部与其模和辐角间的关系为

$$a = |Z| \cos\varphi, \quad b = |Z| \sin\varphi \tag{9-3}$$

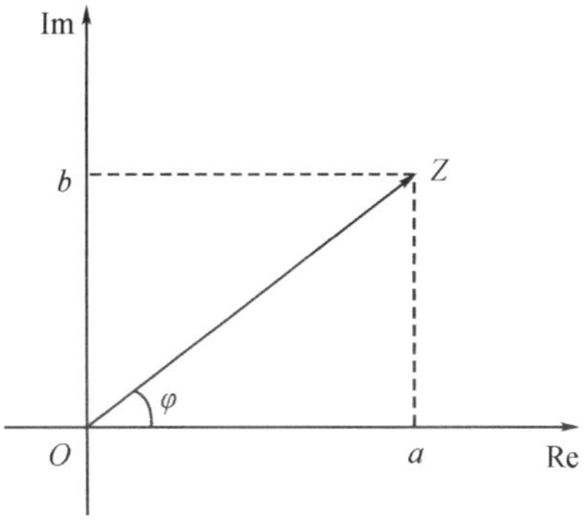

图9-1 复数的图形表示

$$|Z| = \sqrt{a^2 + b^2}, \quad \varphi = \arctan(\frac{b}{a}) \quad (a > 0) \tag{9-4}$$

注意：用 a 和 b 求辐角 φ 时要考虑象限问题，特别要注意 $a<0$ 的情况。于是

$$Z = a + jb = |Z|(\cos\varphi + j \cdot \sin\varphi) \tag{9-5}$$

利用级数知识可以证明

$$\cos\varphi + j \cdot \sin\varphi = e^{j\varphi} \tag{9-6}$$

其中指数函数的幂为 $j\varphi$，式(9-6)给出的等式称为复数的欧拉公式，它建立了三角函数与复指数函数的关系，在复数应用中非常重要。由式(9-5)和式(9-6)，复数 Z 还可表示成

$$Z = |Z| e^{j\varphi} = |Z| \exp(j\varphi) \tag{9-7}$$

其中 $\exp(\ )$ 表示指数函数，上式为复数的指数形式，也可表示成

$$Z = |Z| \underline{/\varphi}$$

称其为复数的极坐标形式。复数既可以表示成代数形式，也可以表示成指数形式或极坐标形式，它们可以相互转换，如式(9-3)和式(9-4)所示。

为便于表述，复数 Z 的实部、虚部和辐角分别表示为 $\text{Re}[Z]$、$\text{Im}[Z]$ 和 $\arg[Z]$。由欧拉公式(9-6)，$e^{j\varphi}$ 的实部和虚部分别为

$$\text{Re}[e^{j\varphi}] = \cos\varphi$$

$$\text{Im}[e^{j\varphi}] = \sin\varphi$$

由欧拉公式(9-6)可得出下列一些常用等式：

$$e^{j\pi/2} = 1 \underline{/\pi/2} = j$$

$$e^{-j\pi/2} = 1 \underline{/-\pi/2} = -j$$

$$e^{j\pi} = e^{-j\pi} = -1$$

借助复数的图形表示也很容易得出以上各式。譬如，复数 j 在复平面上是从原点指向点 $(0,1)$ 的有向线段，其模值是 1，辐角是 $\pi/2$，故为 $1\underline{/\pi/2}$。

若两个复数在复平面上对称于实轴，称它们互为共轭，记复数 Z 的共轭为 Z^*，如图 9-2 所示。互为共轭的两个复数，它们的实部相同（模也相同），虚部和辐角带不同的正负号，即

$$Z^* = a - jb = |Z| \underline{/-\varphi}$$

像实数一样，复数也能进行四则运算。设 $Z=a+jb=|Z|e^{j\varphi}$，$Z_1=a_1+jb_1=|Z_1|e^{j\varphi_1}$，复数的常用运算如下。

1. 加减运算

$$Z + Z_1 = (a + a_1) + j(b + b_1)$$

$$Z - Z_1 = (a - a_1) + j(b - b_1)$$

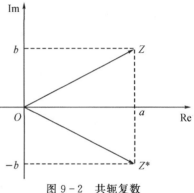

图 9-2　共轭复数

复平面上复数相加和相减如图 9-3 中所示。若从复数 Z 的终点画出复数 Z_1（方向和长度均保持与原点处起始的一致），则 $(Z+Z_1)$ 的图形是从 Z 始点指向 Z_1 终点的有向线段，即复数 Z、Z_1 和 $(Z+Z_1)$ 组成一个三角形。$(Z-Z_1)$ 与 Z_1 相加等于 Z，故 $(Z-Z_1)$ 的图形是从 Z_1 终点指向 Z 终点的有向线段。

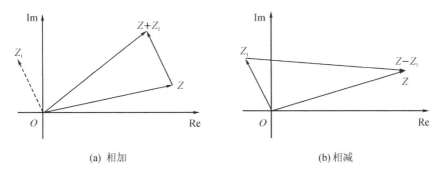

(a) 相加   (b) 相减

图 9-3   复数代数运算的图解

由复数加减运算，复数 Z 的实部和虚部分别可表示为

$$a = \frac{Z + Z^*}{2}, \quad b = \frac{Z - Z^*}{2\mathrm{j}}$$

2. 乘法运算

两个复数相乘的代数形式为

$$Z \cdot Z_1 = (a + \mathrm{j}b) \cdot (a_1 + \mathrm{j}b_1) = (aa_1 - bb_1) + \mathrm{j}(ab_1 + ba_1)$$

由于 $\mathrm{j}^2 = -1$，故 $\mathrm{j}b \cdot \mathrm{j}b_1 = -bb_1$，进而有上式。复数乘法运算用指数形式更为方便，如下式所示：

$$Z \cdot Z_1 = |Z|\, \mathrm{e}^{\mathrm{j}\varphi} \cdot |Z_1|\, \mathrm{e}^{\mathrm{j}\varphi_1} = |Z| \cdot |Z_1|\, \mathrm{e}^{\mathrm{j}(\varphi + \varphi_1)}$$

或

$$Z \cdot Z_1 = |Z|\,\underline{/\varphi} \cdot |Z_1|\,\underline{/\varphi_1} = |Z| \cdot |Z_1|\,\underline{/\varphi + \varphi_1}$$

即两个复数乘运算的法则是：模相乘，辐角相加。如果两个复数以代数形式给出，可先把它们转换为极坐标形式再相乘。给复数 Z 乘以虚单位 j，利用乘法运算得

$$Z \cdot \mathrm{j} = |Z|\, \mathrm{e}^{\mathrm{j}\varphi} \cdot \mathrm{e}^{\mathrm{j}\pi/2} = |Z|\, \mathrm{e}^{\mathrm{j}(\varphi + \pi/2)}$$

$$Z \cdot \mathrm{j} = |Z|\,\underline{/\varphi} \cdot 1\,\underline{/\pi/2} = |Z|\,\underline{/\varphi + \pi/2}$$

在复平面上 $Z \cdot \mathrm{j}$ 是把 Z 逆时针旋转 $\pi/2$ 的复数。

一个复数与其共轭复数相乘，等于复数模的 2 次方，即

$$Z \cdot Z^* = |Z|^2$$

3. 除法运算

两个复数相除的代数形式为

$$\frac{Z_1}{Z} = \frac{a_1 + \mathrm{j}b_1}{a + \mathrm{j}b}$$

给上式右端分子和分母同乘以 Z^*,即 $(a-\mathrm{j}b)$,有

$$\frac{Z_1}{Z} = \frac{(a_1 + \mathrm{j}b_1)(a - \mathrm{j}b)}{(a + \mathrm{j}b)(a - \mathrm{j}b)} = \frac{a_1 a + b_1 b}{a^2 + b^2} + \mathrm{j}\frac{ab_1 - a_1 b}{a^2 + b^2}$$

复数除运算采用指数形式较为方便:

$$\frac{Z_1}{Z} = \frac{|Z_1|\,\mathrm{e}^{\mathrm{j}\varphi_1}}{|Z|\,\mathrm{e}^{\mathrm{j}\varphi}} = \frac{|Z_1|}{|Z|}\mathrm{e}^{\mathrm{j}(\varphi_1 - \varphi)}$$

或

$$\frac{Z_1}{Z} = \frac{|Z_1|\,\underline{/\varphi_1}}{|Z|\,\underline{/\varphi}} = \frac{|Z_1|}{|Z|}\,\underline{/\varphi_1 - \varphi}$$

即两个复数除运算的法则是:模相除,辐角相减。

若复数 Z 除以 j,有

$$\frac{Z}{\mathrm{j}} = \frac{|Z|\,\mathrm{e}^{\mathrm{j}\varphi}}{\mathrm{e}^{\mathrm{j}\pi/2}} = |Z|\,\mathrm{e}^{\mathrm{j}(\varphi - \pi/2)}$$

即在复平面上 Z/j 是把 Z 顺时针旋转 $\pi/2$ 的复数。由于 $1/\mathrm{j} = -\mathrm{j}$,故有

$$\frac{Z}{\mathrm{j}} = -Z\mathrm{j}$$

例 9 - 1　设 $Z = 3 - \mathrm{j}4$,$Z_1 = 10\,\underline{/135°}$。求 $Z + Z_1$ 和 Z_1/Z。

解

$$Z_1 = 10\,\underline{/135°} = -7.07 + \mathrm{j}7.07$$

则

$$Z + Z_1 = (3 - \mathrm{j}4) + (-7.07 + \mathrm{j}7.07) = -4.07 + \mathrm{j}3.07$$

该复数的极坐标形式为

$$Z + Z_1 = 5.10\,\underline{/142.97°}$$

复数极坐标形式的除运算为

$$Z = 3 - \mathrm{j}4 = 5\,\underline{/-53.13°}$$

$$\frac{Z_1}{Z} = \frac{10\,\underline{/135°}}{5\,\underline{/-53.13°}} = 2\,\underline{/188.13°} = 2\,\underline{/-171.87°}$$

该复数的代数形式为

$$\frac{Z_1}{Z} = -1.98 - \mathrm{j}0.28$$

9.2　相量法基础

正弦量用正弦或余弦函数表示,正弦量的运算用到一些三角恒等式,如

$$\cos(\alpha \pm \beta) = \cos\alpha\cos\beta \mp \sin\alpha\sin\beta$$

$$\sin(\alpha \pm \beta) = \sin\alpha\cos\beta \pm \cos\alpha\sin\beta$$

设 $u_1(t) = U_{1m}\cos(\omega t + \alpha_1)$，$u_2(t) = U_{2m}\sin(\omega t + \alpha_2)$，这两个正弦电压的相加运算为

$$u_1(t) + u_2(t) = U_{1m}\cos\alpha_1\cos\omega t - U_{1m}\sin\alpha_1\sin\omega t + U_{2m}\sin\alpha_2\cos(\omega t) +$$
$$U_{2m}\cos\alpha_2\sin(\omega t)$$
$$= [U_{1m}\cos\alpha_1 + U_{2m}\sin\alpha_2]\cos\omega t + [U_{2m}\cos\alpha_2 - U_{1m}\sin\alpha_1]\sin\omega t$$

正弦函数的求和运算冗长而又繁琐。设电压 $u(t)$ 用余弦函数表示为

$$u(t) = \sqrt{2}U\cos(\omega t + \alpha)$$

其中 U 是正弦电压 $u(t)$ 的有效值，α 是初相。利用欧拉公式(9-6)，有

$$u(t) = \sqrt{2}\mathrm{Re}[Ue^{j(\omega t + \alpha)}] = \sqrt{2}\mathrm{Re}[Ue^{j\alpha}e^{j\omega t}]$$

若定义

$$\dot{U} = Ue^{j\alpha} = U\underline{/\alpha} \tag{9-8}$$

则

$$u(t) = \sqrt{2}\mathrm{Re}[\dot{U}e^{j\omega t}] \tag{9-9}$$

式(9-8)定义的复数 $\dot{U}$ 与时间 t 无关，它的模是正弦电压的有效值，辐角是正弦电压的初相，称为正弦电压 $u(t)$ 的相量(phasor)。为有别于一般的复数，采用在大写字母 U 上方加"·"表示，强调其与正弦量之间的对应关系。

由式(9-9)，$t=0$ 时刻的电压 $u(0) = \sqrt{2}\mathrm{Re}[\dot{U}]$，$u(0)$ 等于复平面上 $\sqrt{2}\dot{U}$ 在实轴上的投影；随时间推移，复平面上 $\sqrt{2}\dot{U}e^{j\omega t}$ 是把 $\sqrt{2}\dot{U}$ 逆时针旋转 ωt 角度的复数，$\sqrt{2}\dot{U}e^{j\omega t}$ 在实轴上的投影为 t 时刻的电压 $u(t)$，如图9-4所示。

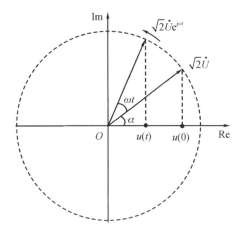

图 9-4　相量与正弦量的对应关系

类似地，正弦电流

$$i(t) = \sqrt{2}I\cos(\omega t + \beta)$$

可表示为

$$i(t) = \sqrt{2}\text{Re}[Ie^{j\beta}e^{j\omega t}] = \sqrt{2}\text{Re}[\dot{I}e^{j\omega t}]$$

其相量 $\dot{I}$ 为

$$\dot{I} = Ie^{j\beta} = I\underline{/\beta}$$

电压相量 $\dot{U}$ 和电流相量 $\dot{I}$ 的单位分别为 V 和 A。

特别强调，相量与其正弦量不是相等关系，而是一种对应关系。$u(t)$ 和 $i(t)$ 分别是正弦电压和电流的瞬时值表示，称为时间域（时域）表示，而相量 $\dot{U}$ 和 $\dot{I}$ 不再是时间 t 的函数，称为相量表示。相量本身为复数，它在复平面上的表示称为相量图。电压相量 $\dot{U}$ 如图 9-5 中所示。

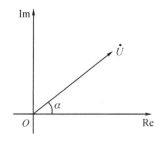

图 9-5　相量图

同频率正弦量的代数和运算可借助相量进行。设 $i_1(t)$ 和 $i_2(t)$ 都是角频率为 ω 的正弦电流，相量分别为 $\dot{I}_1$ 和 $\dot{I}_2$，若

$$i(t) = i_1(t) - i_2(t)$$

则

$$i(t) = \sqrt{2}\text{Re}[\dot{I}_1e^{j\omega t}] - \sqrt{2}\text{Re}[\dot{I}_2e^{j\omega t}]$$
$$= \sqrt{2}\text{Re}[(\dot{I}_1 - \dot{I}_2)e^{j\omega t}]$$

$i(t)$ 的相量 $\dot{I}$ 为

$$\dot{I} = \dot{I}_1 - \dot{I}_2$$

上式表明：同频率正弦量的代数和运算，它们的相量也满足相同的运算关系。

例 9-2　已知正弦电流 $i_1(t) = 5\sqrt{2}\cos(314t - 53.13°)$ A，$i_2(t) = 8\sqrt{2}\sin(314t)$ A，设 $i(t) = i_1(t) - i_2(t)$，用相量法求 $i(t)$。

解　电流 $i_1(t)$ 的相量为

$$\dot{I}_1 = 5\ \underline{/-53.13°}\ \text{A}$$

由于

$$\sin\omega t = \cos(\omega t - 90°)$$

则

$$i_2(t) = 8\sqrt{2}\cos(314t - 90°)\ \text{A}$$

$$\dot{I}_2 = 8\ \underline{/-90°}\ \text{A}$$

于是

$$\dot{I} = \dot{I}_1 - \dot{I}_2 = 5\ \underline{/-53.13°} + \text{j}8$$
$$= 3 - \text{j}4 + \text{j}8$$
$$= 5\ \underline{/53.13°}\ \text{A}$$

则

$$i(t) = 5\sqrt{2}\cos(314t + 53.13°)\ \text{A}$$

即 $i(t)$ 的有效值是 5 A，初相是 53.13°。

相量与其正弦量之间是一种对应关系，并不相等，因此，下式写法

$$“\dot{I} = 5\ \underline{/53.13°} = 5\sqrt{2}\cos(314t + 53.13°)\ \text{A}”$$

是错误的，请读者特别注意！

电路在正弦电源作用下的稳态响应是正弦量，若能建立电路 KCL、KVL 和元件 VCR 的相量形式，则可用相量法分析，求得输出相量，从而得到其正弦稳态解。

KCL 指出：任一结点上支路电流的代数和为零，即

$$\sum i(t) = 0$$

由于各电流均为相同频率的正弦量，则

$$\sum \sqrt{2}\text{Re}[\dot{I}\text{e}^{\text{j}\omega t}] = 0$$

上式中先取实部后求和，其运算顺序可以交换：

$$\sqrt{2}\text{Re}\Big[\sum \dot{I}\text{e}^{\text{j}\omega t}\Big] = 0$$

得

$$\sum \dot{I} = 0$$

上式是 KCL 的相量形式，即结点上相关电流的相量与时间域具有相同的代数和运算。**注意**：上式中是相量的代数和，不是有效值。

KVL 指出：任一回路中支路电压的代数和为零，即

$$\sum u(t) = 0$$

则

$$\sum \dot{U} = 0$$

上式是 KVL 的相量形式,它也与时间域具有相同的代数和运算。

下面再讨论电路元件 VCR 的相量形式。图 9-6(a)所示电阻元件的 VCR 为

$$u_R(t) = Ri_R(t)$$

用相量表示正弦电压和电流

$$\sqrt{2}\,\mathrm{Re}[\dot{U}_R \mathrm{e}^{\mathrm{j}\omega t}] = R \cdot \sqrt{2}\,\mathrm{Re}[\dot{I}_R \mathrm{e}^{\mathrm{j}\omega t}]$$

则相量形式的关系式为

$$\dot{U}_R = R\dot{I}_R \qquad\qquad (9-10)$$

它用图 9-6(b)表示。对电阻元件,电压与电流同相,相量图中 $\dot{U}_R$ 和 $\dot{I}_R$ 的夹角为零,如图 9-6(d)所示(**注**:图中省略了虚轴,画相量图时实轴也常常省略)。

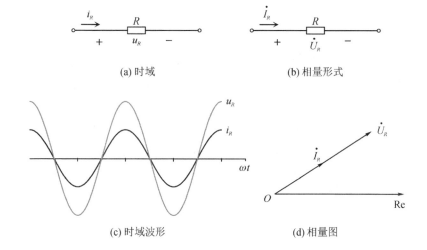

(a) 时域　　　　　　　　　　(b) 相量形式

(c) 时域波形　　　　　　　　(d) 相量图

图 9-6　电阻元件的电压和电流

图 9-7(a)所示电感元件的 VCR 为

$$u_L(t) = L\,\frac{\mathrm{d}i_L(t)}{\mathrm{d}t}$$

电流为正弦时,有

$$\sqrt{2}\,\mathrm{Re}[\dot{U}_L \mathrm{e}^{\mathrm{j}\omega t}] = L \cdot \sqrt{2}\,\frac{\mathrm{d}}{\mathrm{d}t}\mathrm{Re}[\dot{I}_L \mathrm{e}^{\mathrm{j}\omega t}]$$

交换求导与取实部的运算顺序,且

$$\frac{\mathrm{d}}{\mathrm{d}t}\mathrm{e}^{\mathrm{j}\omega t} = \mathrm{j}\omega \mathrm{e}^{\mathrm{j}\omega t}$$

则

$$\sqrt{2}\mathrm{Re}[\dot{U}_L e^{j\omega t}] = \sqrt{2}\mathrm{Re}[j\omega L \dot{I}_L e^{j\omega t}]$$

$$\dot{U}_L = j\omega L \dot{I}_L \qquad\qquad (9-11)$$

即电压相量等于复系数 $j\omega L$ 乘以电流相量。在电路图中,给电感图形符号旁标注上式所示系数 $j\omega L$,如图 9-7(b)所示。式(9-11)为复数形式的等式,则电压有效值与电流有效值间的关系为 $U_L = \omega L I_L$,电流滞后于电压 $90°$,如图 9-7(d)所示。

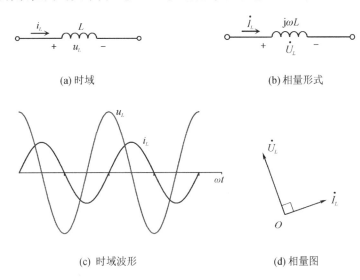

(a) 时域

(b) 相量形式

(c) 时域波形

(d) 相量图

图 9-7　电感元件的电压和电流

图 9-8(a)所示电容元件的 VCR 为

$$i_C(t) = C\frac{\mathrm{d}u_C(t)}{\mathrm{d}t}$$

则

$$\sqrt{2}\mathrm{Re}[\dot{I}_C e^{j\omega t}] = C \cdot \sqrt{2}\frac{\mathrm{d}}{\mathrm{d}t}\mathrm{Re}[\dot{U}_C e^{j\omega t}]$$

$$\mathrm{Re}[\dot{I}_C e^{j\omega t}] = \mathrm{Re}[j\omega C\dot{U}_C e^{j\omega t}]$$

$$\dot{I}_C = j\omega C\dot{U}_C \quad 或 \quad \dot{U}_C = -j\frac{1}{\omega C}\dot{I}_C \qquad (9-12)$$

在电路图中,电容图形符号旁标注 $-j\dfrac{1}{\omega C}$ 或 $\dfrac{1}{j\omega C}$,如图 9-8(b)所示。由上式得电压有效值与电流有效值的关系式是 $U_C = I_C/(\omega C)$,电流越前于电压 $90°$,如图 9-8(d)所示。

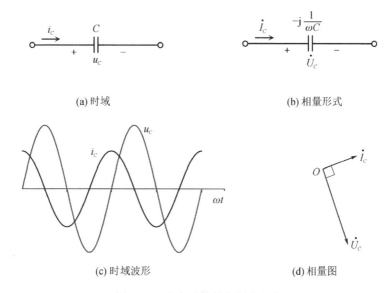

(a) 时域　　　　　　　　　　　　(b) 相量形式

(c) 时域波形　　　　　　　　　(d) 相量图

图 9-8　电容元件的电压和电流

9.3　阻抗

电阻、电感和电容元件 VCR 的相量形式可统一表示为

$$\dot{U} = Z\dot{I} \qquad (9-13)$$

复系数 Z 分别为

$$Z_R = R$$
$$Z_L = j\omega L$$
$$Z_C = \frac{1}{j\omega C} = -j\frac{1}{\omega C}$$

复数 Z 不是相量,不存在与其对应的正弦函数,因此,在符号 Z 的上方不能加"·"。

对任一段电路,在默认参考方向下,若电压相量与电流相量具有式(9-13)所示关系,复系数 Z 称为阻抗(impedance),单位为 Ω,用图 9-9 所示图形符号表示,式(9-13)称为欧姆定律的相量形式。

定义阻抗后,KCL、KVL 和 VCR 的相量形式如表 9-1 所示,可见,它与线性电阻电路的两类约束类似,故而,线性电阻电路的分析方法可推广至正弦稳态分析,不同的是,相量间是

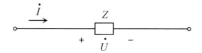

图 9-9　阻抗的图形符号

复数代数关系。

表 9 - 1　交流电路两类约束的相量形式

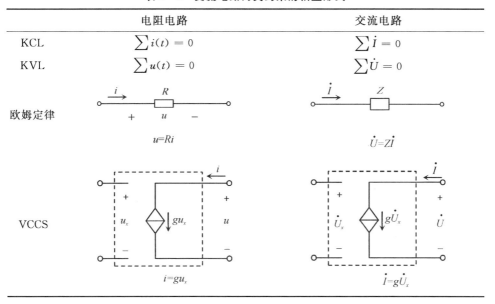

	电阻电路	交流电路
KCL	$\sum i(t) = 0$	$\sum \dot{I} = 0$
KVL	$\sum u(t) = 0$	$\sum \dot{U} = 0$
欧姆定律	$u=Ri$	$\dot{U}=Z\dot{I}$
VCCS	$i=gu_x$	$\dot{I}=g\dot{U}_x$

对图 9 - 10 所示 RLC 串联电路进行正弦稳态分析,运用相量法,把电阻、电感和电容均看作阻抗,与电阻的串联相类似,阻抗串联时的等效阻抗等于各阻抗相加,故等效阻抗

$$Z = R + \mathrm{j}\omega L - \mathrm{j}\frac{1}{\omega C} = R + \mathrm{j}(\omega L - \frac{1}{\omega C}) \qquad (9-14)$$

图 9 - 10　RLC 串联电路

若图 9 - 10 中电压相量 $\dot{U}$ 是已知的,则电流 $\dot{I}$ 为

$$\dot{I} = \frac{\dot{U}}{Z}$$

求得电流 $\dot{I}$ 后,依据元件 VCR 的相量形式即可求得各元件上的电压相量:

$$\dot{U}_R = R\dot{I}$$

$$\dot{U}_L = j\omega L\dot{I}$$

$$\dot{U}_C = -j\frac{1}{\omega C}\dot{I}$$

用相量图表示电路中各相量间关系更为直观。对 RLC 串联电路,常以电流 $\dot{I}$ 为参考,电阻元件上的电压 $\dot{U}_R$ 与 $\dot{I}$ 同相,紧接 $\dot{U}_R$ 画出电感上的电压 $\dot{U}_L$,它越前于 $\dot{I}$ 相角 90°,紧接 $\dot{U}_L$ 再画出电容上的电压 $\dot{U}_C$,$\dot{U}_C$ 滞后于 $\dot{I}$ 相角 90°,即 $\dot{U}_C$ 与 $\dot{U}_L$ 反相,最后,依据

$$\dot{U} = \dot{U}_R + \dot{U}_L + \dot{U}_C$$

画出电压 $\dot{U}$,它从 $\dot{U}_R$ 的始点指向 $\dot{U}_C$ 的终点,如图 9-11(a)所示(图中假设 $U_L >$ U_C)。若按 $\dot{U}_L$、$\dot{U}_R$、$\dot{U}_C$ 和 $\dot{U}$ 的顺序依次绘出各电压相量,如图 9-11(b)所示,这四个电压在相量图上组成一个四边形。

由图 9-11(a)所示的相量图,$\dot{U}_R$、$(\dot{U}_L + \dot{U}_C)$ 和 $\dot{U}$ 构成一个直角三角形,因而各电压有效值之间满足如下关系:

$$U = \sqrt{U_R^2 + (U_L - U_C)^2} \tag{9-15}$$

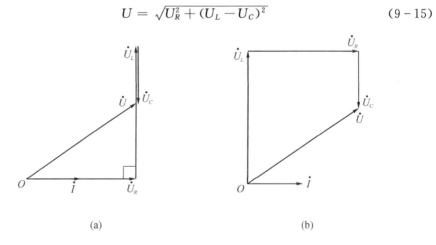

(a)　　　　　　　　　　(b)

图 9-11　RLC 串联电路的相量图

例 9-3　图 9-10 所示 RLC 串联电路,已知 $R = 15\ \Omega$,$L = 12\ \text{mH}$,$C = 5\ \mu\text{F}$,端电压 $u(t) = 100\sqrt{2}\cos(5000t)$ V。试求各元件上的电压。

解　端电压 $\dot{U}=100\underline{/0°}$ V,各元件的阻抗分别为

$$Z_R = 15\ \Omega$$
$$Z_L = \mathrm{j}\omega L = \mathrm{j}60\ \Omega$$
$$Z_C = -\mathrm{j}\frac{1}{\omega C} = -\mathrm{j}40\ \Omega$$

等效阻抗

$$Z = Z_R + Z_L + Z_C$$
$$= 15 + \mathrm{j}20\ \Omega$$
$$= 25\underline{/53.13°}\ \Omega$$

则电流 $\dot{I}$ 为

$$\dot{I} = \frac{\dot{U}}{Z} = \frac{100\underline{/0°}\mathrm{V}}{25\underline{/53.13°}\ \Omega} = 4\underline{/-53.13°}\ \mathrm{A}$$

各元件上的电压相量分别为

$$\dot{U}_R = R\dot{I} = 60\underline{/-53.13°}\ \mathrm{V}$$
$$\dot{U}_L = \mathrm{j}\omega L\dot{I} = 240\underline{/36.87°}\ \mathrm{V}$$
$$\dot{U}_C = -\mathrm{j}\frac{1}{\omega C}\dot{I} = 160\underline{/-143.13°}\ \mathrm{V}$$

可以验证,各电压有效值满足式(9-15)给出的关系。本例中 U_L 和 U_C 均大于 U,这与电阻串联的情况有所不同。各正弦电压分别为

$$u_R(t) = 60\sqrt{2}\cos(5000t - 53.13°)\ \mathrm{V}$$
$$u_L(t) = 240\sqrt{2}\cos(5000t + 36.87°)\ \mathrm{V}$$
$$u_C(t) = 160\sqrt{2}\cos(5000t - 143.13°)\ \mathrm{V}$$

鉴于相量形式的结果已给出有效值和初相,如无特别要求,三角函数表示的时间域电压式可以省去不写。

设阻抗 Z 的代数形式为

$$Z = R + \mathrm{j}X$$

其中:$R=\mathrm{Re}[Z]$,称为 Z 的电阻;$X=\mathrm{Im}[Z]$,称为 Z 的电抗,电感元件的电抗(感抗)$X_L=\omega L$;电容元件的电抗(容抗),$X_C=-1/(\omega C)$。

设阻抗 Z 的极坐标形式为 $Z=|Z|\underline{/\varphi}$,其中:$\varphi$ 称为阻抗角,它等于端电压与端电流的相位差,$|Z|$ 称为阻抗模,有

$$|Z| = \sqrt{R^2 + X^2} = \frac{U}{I}$$

一般来说,阻抗 Z 的实部不小于零。若 $\varphi>0$(或 $X>0$),则电流 $\dot{I}$ 滞后于电压 $\dot{U}$,

这时称阻抗 Z 是电感性的；若 $\varphi<0$(或 $X<0$),则电流 $\dot{I}$ 越前于电压 $\dot{U}$,这时称阻抗 Z 是电容性的；若 $\varphi=0$(或 $X=0$),则电流 $\dot{I}$ 与电压 $\dot{U}$ 同相,这时称阻抗 Z 是电阻性的。对 RLC 串联电路,若 $\omega L>1/(\omega C)$,则 Z 是电感性的,若 $\omega L<1/(\omega C)$,则 Z 是电容性的,若 $\omega L=1/(\omega C)$,则 Z 是电阻性的。

例 9 - 4 用正弦电压源、电阻箱和交流电压表测量电感线圈参数的电路如图 9 - 12 所示。已知电阻箱的电阻 $R=7\ \Omega$,电压 $U=20\ V$,$U_1=7\ V$,$U_2=15\ V$,求电感线圈的 r 和 ωL 的值。

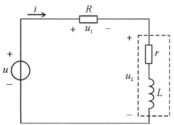

图 9 - 12 电感线圈参数的测量

解 只要能够求出电感线圈的阻抗,就可得到 r 和 ωL 的值。根据电阻 R 的 VCR 可得电流有效值

$$I=\frac{U_1}{R}=\frac{7\ V}{7\ \Omega}=1\ A$$

设 $\dot{I}=1\underline{/0^\circ}\ A$(指定为参考相量),根据 KVL 有

$$\dot{U}=\dot{U}_1+\dot{U}_2$$

$\dot{U}_1=7\underline{/0^\circ}\ V$,设 $\dot{U}=20\underline{/\alpha}$,$\dot{U}_2=15\underline{/\alpha_2}$,有

$$20\underline{/\alpha}=7\underline{/0^\circ}+15\underline{/\alpha_2}$$

上式中实、虚部分别相等时,有

$$\left.\begin{aligned}20\cos\alpha&=7+15\cos\alpha_2\\20\sin\alpha&=15\sin\alpha_2\end{aligned}\right\}$$

从以上两式中消去 α,有

$$20^2=7^2+15^2+2\times7\times15\cos\alpha_2$$

求得 $\cos\alpha_2=0.6$,由于电感线圈的阻抗是电感性的,故 α_2 取正值

$$\alpha_2=\arccos0.6=+53.13^\circ$$

电感线圈的阻抗

$$r+j\omega L=\frac{\dot{U}_2}{\dot{I}}=\frac{15\underline{/53.13^\circ}}{1\underline{/0^\circ}}\ \Omega$$

$$=9+j12\ \Omega$$

则 $r=9\ \Omega, \omega L=12\ \Omega$。本题也可借助相量图求解。

9.4　导纳

阻抗的倒数称为导纳(admittance)，用 Y 表示

$$Y=\frac{1}{Z}=\frac{\dot{I}}{\dot{U}}=|\,Y\,|\,\underline{/-\varphi}$$

导纳 Y 的单位 S，$|Y|$ 称为导纳模，$-\varphi$ 为导纳角。设导纳 Y 的代数形式为

$$Y=G+\mathrm{j}B$$

其中 $G=\mathrm{Re}[Y]$，称为 Y 的电导，$B=\mathrm{Im}[Y]$，称为 Y 的电纳。

电阻、电感和电容三种元件的导纳分别为

$$Y_R=\frac{1}{R}$$

$$Y_L=\frac{1}{\mathrm{j}\omega L}=-\,\mathrm{j}\,\frac{1}{\omega L}$$

$$Y_C=\mathrm{j}\omega C$$

电容的电纳(容纳)$B_C=\omega C$，电感的电纳(感纳)$B_L=-1/(\omega L)$。

阻抗 $Z=R+\mathrm{j}X$ 的导纳 Y 为

$$Y=\frac{1}{R+\mathrm{j}X}=\frac{R-\mathrm{j}X}{(R+\mathrm{j}X)(R-\mathrm{j}X)}$$
$$=\frac{R}{R^2+X^2}-\mathrm{j}\,\frac{X}{R^2+X^2}$$

即电导 G 和电纳 B 分别为

$$G=\frac{R}{R^2+X^2},\quad B=-\,\frac{X}{R^2+X^2}$$

例 9-5　已知 $R=30\ \Omega, C=25\ \mu\mathrm{F}$，正弦电源的角频率 $\omega=10^3\ \mathrm{rad/s}$，求 R 与 C 串联的导纳。

解　R 与 C 串联的阻抗 Z 为

$$Z=R-\mathrm{j}\,\frac{1}{\omega C}=30-\mathrm{j}40\ \Omega$$

则其导纳 Y 为

$$Y=\frac{1}{Z}=\frac{1}{30-\mathrm{j}40}\ \mathrm{S}$$
$$=\frac{30+\mathrm{j}40}{30^2+40^2}\ \mathrm{S}$$
$$=12+\mathrm{j}16\ \mathrm{mS}$$

可见,该电路的电纳 $B>0$。

　　导纳并联时的等效导纳等于各导纳相加。对图 9–13(a) 所示 RLC 并联电路,等效导纳 Y 为

$$Y = \frac{1}{R} + \mathrm{j}\omega C + \frac{1}{\mathrm{j}\omega L} = \frac{1}{R} + \mathrm{j}\left(\omega C - \frac{1}{\omega L}\right)$$

导纳 Y 的实部 G 和虚部 B 分别为

$$G = \frac{1}{R}, \quad B = \omega C - \frac{1}{\omega L}$$

若端电流 $\dot{I}$ 是已知的,则端电压 $\dot{U}$ 为

$$\dot{U} = \frac{\dot{I}}{Y} = \frac{\dot{I}}{\dfrac{1}{R} + \mathrm{j}\left(\omega C - \dfrac{1}{\omega L}\right)}$$

利用 $\dot{U}$ 求元件中的电流,为

$$\dot{I}_R = \frac{1}{R}\dot{U}$$

$$\dot{I}_C = \mathrm{j}\omega C\dot{U}$$

$$\dot{I}_L = -\mathrm{j}\,\frac{1}{\omega L}\dot{U}$$

设 $\dot{U}$ 的初相为零,(电容性)电路的相量图如图 9–13(b) 所示,电流相量 $\dot{I}_R$、$\dot{I}_C + \dot{I}_L$ 和 $\dot{I}$ 构成直角三角形,因而各电流有效值满足下式关系:

$$I = \sqrt{I_R^2 + (I_C - I_L)^2} \qquad\qquad (9-16)$$

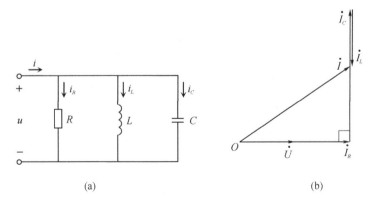

(a)　　　　　　　　　　　　　　(b)

图 9–13　RLC 并联电路及其相量图

　　电路的相量图可以直观地显示各相量之间的关系,并可用来辅助计算。在相

量图上,除了按比例反映各相量的模以外,最重要的是根据各相量的初相相对地确定各相量在图上的位置(方位)。一般的做法是:对串联电路,以电流相量为参考,根据 VCR 确定有关电压相量与电流相量之间的夹角,再根据回路 KVL,用用相量平移求和法则,画出回路上各电压相量所组成的多边形;对并联电路,以电压相量为参考,根据支路 VCR 确定各并联支路的电流相量与电压相量之间的夹角,然后再根据结点上的 KCL,画出各支路电流相量组成的多边形。

对复杂正弦电流电路,常用结点法分析,其方程为复数形式的代数方程。

例 9 - 6　电路如图 9 - 14 所示,已知 $\dot{U}=10\underline{/0°}$ V,$Z_1=(2+\mathrm{j})$ Ω,$Z_2=-\mathrm{j}2$ Ω,$Z_3=1$ Ω。求电压 $\dot{U}_\circ$ 和电流 $\dot{I}$。

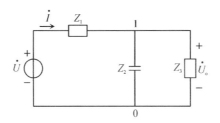

图 9 - 14　例 9 - 6 图

解　由已知的支路阻抗求出支路导纳,分别为

$$Y_1 = 1/Z_1 = 0.4 - \mathrm{j}0.2 \text{ S}$$
$$Y_2 = 1/Z_2 = \mathrm{j}0.5 \text{ S}$$
$$Y_3 = 1/Z_3 = 1 \text{ S}$$

对结点 1 应用 KCL,有

$$Y_1(\dot{U}_\circ - \dot{U}) + Y_2\dot{U}_\circ + Y_3\dot{U}_\circ = 0$$

则

$$\dot{U}_\circ = \frac{Y_1}{Y_1 + Y_2 + Y_3}\dot{U}$$
$$= \frac{0.4 - \mathrm{j}0.2}{0.4 - \mathrm{j}0.2 + \mathrm{j}0.5 + 1} \times 10\underline{/0°} \text{ V}$$
$$= 3.12\underline{/-38.66°} \text{ V}$$

电流 $\dot{I}$ 为

$$\dot{I} = Y_1(\dot{U} - \dot{U}_\circ)$$
$$= (0.4 - \mathrm{j}0.2) \text{ S} \times (10 - 3.12\underline{/-38.66°}) \text{ V}$$
$$= 3.49\underline{/-12.12°} \text{ A}$$

例 9 - 7　电路如图 9 - 15 所示,已知 $\dot{U}_s = 1\,\underline{/0°}$ V,$G_1 = 3$ S,$G_2 = 1$ S,$G_3 = 1$ S,$g = 3$ S,$\omega C = 5$ S。求结点电压 $\dot{U}_1$ 和 $\dot{U}_2$。

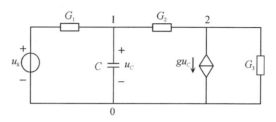

图 9 - 15　例 9 - 7 图

解　受控源的控制电压 $\dot{U}_C$ 是结点 1 的电压 $\dot{U}_1$,结点电压方程为

结点 1：$(G_1 + G_2 + j\omega C)\dot{U}_1 - G_2\dot{U}_2 = G_1\dot{U}_s$

结点 2：$-G_2\dot{U}_1 + (G_3 + G_2)\dot{U}_2 + g\dot{U}_1 = 0$

代入已知数据,有

$$\begin{cases} (4 + j5)\dot{U}_1 - \dot{U}_2 = 3 \\ 2\dot{U}_1 + 2\dot{U}_2 = 0 \end{cases}$$

求得 $\dot{U}_1 = 0.424\,\underline{/-45°}$ V,$\dot{U}_2 = 0.424\,\underline{/135°}$ V。

对复杂电路,当要计算一个电路在很多频率处的输出相量时,结点方程的手工计算量非常大,这一任务可借助计算机完成。在编写结点方程时,常把电感电流也作为变量。以图 9 - 16 所示电路为例,设正弦电源的角频率为 ω,方程变量除结点电压外,还把电压源支路电流 $\dot{I}$ 和两个电感支路的电流 $\dot{I}_{L1}$ 和 $\dot{I}_{L2}$ 取为变量。

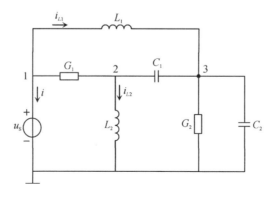

图 9 - 16　结点法示例

结点 KCL 方程为

结点 1：$G_1\dot{U}_1 - G_1\dot{U}_2 + \dot{I} + \dot{I}_{L1} = 0$

结点 2：$-G_1\dot{U}_1 + G_1\dot{U}_2 + \dot{I}_{L2} + j\omega C_1\dot{U}_2 - j\omega C_1\dot{U}_3 = 0$

结点 3：$G_2\dot{U}_3 - \dot{I}_{L1} - j\omega C_1\dot{U}_2 + j\omega(C_1 + C_2)\dot{U}_3 = 0$

电流变量所在支路的 VCR 为

$$\dot{U}_1 = \dot{U}_s$$

$$\dot{U}_1 - \dot{U}_3 - j\omega L_1 \dot{I}_{L1} = 0$$

$$\dot{U}_2 - j\omega L_2 \dot{I}_{L2} = 0$$

以上 6 式的联立即为结点方程，其矩阵如下：

$$\left(\begin{bmatrix} G_1 & -G_1 & 0 & 1 & 1 & 0 \\ -G_1 & G_1 & 0 & 0 & 0 & 1 \\ 0 & 0 & G_2 & 0 & -1 & 0 \\ 1 & 0 & 0 & 0 & 0 & 0 \\ 1 & 0 & -1 & 0 & 0 & 0 \\ 0 & 1 & 0 & 0 & 0 & 0 \end{bmatrix} + j\omega \begin{bmatrix} 0 & 0 & 0 & 0 & 0 & 0 \\ 0 & C_1 & -C_1 & 0 & 0 & 0 \\ 0 & -C_1 & C_1+C_2 & 0 & 0 & 0 \\ 0 & 0 & 0 & 0 & 0 & 0 \\ 0 & 0 & 0 & 0 & 0 & -L_1 \\ 0 & 0 & 0 & 0 & 0 & -L_2 \end{bmatrix}\right) \begin{bmatrix} \dot{U}_1 \\ \dot{U}_2 \\ \dot{U}_3 \\ \dot{I} \\ \dot{I}_{L1} \\ \dot{I}_{L2} \end{bmatrix} = \begin{bmatrix} 0 \\ 0 \\ 0 \\ \dot{U}_s \\ 0 \\ 0 \end{bmatrix}$$

该方程可表示为

$$(\boldsymbol{G} + j\omega \boldsymbol{C})\dot{\boldsymbol{X}} = \boldsymbol{B} \tag{9-17}$$

其中方阵 $\boldsymbol{G}$ 与电导和受控源的参数有关，方阵 $\boldsymbol{C}$ 与电容和电感的参数有关，$\dot{\boldsymbol{X}}$ 是结点电压和一些电流变量组成的列向量，$\boldsymbol{B}$ 是与输入有关的列向量。对每一角频率 ω，用式(9-17)计算结点电压和电流变量，式(9-17)也能够计算直流($\omega=0$)，这是把电感电流作为变量的原因之一。

9.5 电路中的谐振

实际生活中有关力学系统的谐振现象读者并不陌生，如果从描述系统的数学方程上考虑，一些电路中也会出现谐振。研究电路中的谐振具有重要的实际意义，当一个电路发生谐振时，一些电压或电流可能非常大，利用这一特性可以从信号源中选择或提取特定频率的信号分量。另一方面，电路设计时需要考虑实际器件所能承受的电压和电流，以保证电路的正常工作。

RLC 串联电路如图 9-17 所示，设正弦电源的角频率为 ω，其入端阻抗

$$Z = R + j\left(\omega L - \frac{1}{\omega C}\right) = R + jX$$

上式中,电抗 X 是 ω 的函数,如图 9-18 所示。当 $X>0$ 时,电路呈电感性,当 $X<0$ 时,电路呈电容性;当 $X=0$ 时

$$\omega L - \frac{1}{\omega C} = 0$$

称该电路发生谐振。用 ω_0 和 f_0 分别表示谐振角频率和频率,有

$$\omega_0 = \frac{1}{\sqrt{LC}} \qquad\qquad (9-18)$$

$$f_0 = \frac{1}{2\pi\sqrt{LC}}$$

可见,调节正弦电源的频率、电感或电容,都可发生谐振。

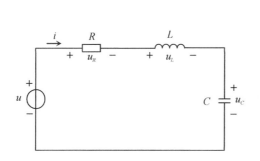

图 9-17　RLC 串联电路

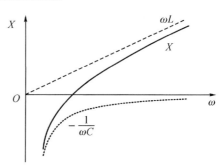

图 9-18　电抗随角频率的变化曲线

谐振时电路的入端阻抗 $Z=R$,则电流

$$\dot{I} = \frac{\dot{U}}{Z} = \frac{\dot{U}}{R}$$

$\dot{I}$ 与 $\dot{U}$ 同相。相对于其他频率,由于谐振频率处的阻抗模 $|Z|$ 最小,为 R,故电流 I 最大。谐振时,由于电感与电容串联的阻抗为零,则电阻上的电压等于电源电压

$$\dot{U}_R = \dot{U}$$

电感、电容上的电压分别为

$$\dot{U}_L = j\omega_0 L\dot{I} = j\frac{\omega_0 L}{R}\dot{U}$$

$$\dot{U}_C = -\dot{U}_L$$

若定义

$$Q = \frac{\omega_0 L}{R} = \frac{1}{\omega_0 CR} = \frac{1}{R}\sqrt{\frac{L}{C}} \qquad\qquad (9-19)$$

Q 称为 RLC 串联电路的品质因数(quality factor)，取决于元件参数，它是反映电路性能的一个很重要的指标。则

$$\dot{U}_L = jQ\dot{U}$$

$$\dot{U}_c = -jQ\dot{U}$$

可见，谐振时，电感和电容上电压的有效值均是电源电压有效值的 Q 倍。当 Q 值很大时，它们很大，故把串联谐振也称为电压谐振。若电容器上的电压超过其耐压值，就会损坏电容器。有时是不希望出现谐振现象的，如在电力系统中，电气设备运行于额定电压，如果发生谐振，过高的电压有可能损坏电气设备，进一步会导致系统瘫痪。RLC 串联电路谐振时的相量图如图 $9-19$ 所示。

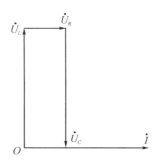

图 $9-19$　谐振时的相量图

设端电压 $u(t)$ 的初相为零，则谐振时有

$$i(t) = \frac{\sqrt{2}U}{R}\cos(\omega_0 t)$$

$$u_R(t) = \sqrt{2}U\cos(\omega_0 t)$$

两个储能元件储存的总能量

$$\begin{aligned}
W_{LC}(t) &= \frac{1}{2}Li^2(t) + \frac{1}{2}Cu_C^2(t) \\
&= L\frac{U^2}{R^2}\cos^2(\omega_0 t) + CQ^2U^2\sin^2(\omega_0 t) \\
&= L\frac{U^2}{R^2} = CQ^2U^2
\end{aligned}$$

为恒定值。电路在一个周期中消耗的能量为

$$W_R = \frac{U^2}{R} \cdot \frac{2\pi}{\omega_0}$$

从以上两式得

$$\frac{W_{LC}(t)}{W_R} = \frac{\dfrac{L}{R^2}U^2}{\dfrac{U^2}{R} \cdot \dfrac{2\pi}{\omega_0}} = \frac{\omega_0 L}{2\pi R} = \frac{Q}{2\pi}$$

即储能元件储存的总能量与二端电路在一个周期中消耗的能量之比等于品质因数除以 2π，该结论可作为品质因数的一种定义。

例 9-8　RLC 串联电路中,已知 $R = 1\text{ k}\Omega, L = 0.4\text{ H}, C = 0.1\ \mu\text{F}$。求谐振频率 f_0 和品质因数 Q。

解　谐振角频率为

$$\omega_0 = \frac{1}{\sqrt{LC}} = \frac{1}{\sqrt{0.4 \times 10^{-7}}}\text{ rad/s} = 5\text{ krad/s}$$

则谐振频率为

$$f_0 = \frac{\omega_0}{2\pi} = 795.78\text{ Hz}$$

品质因数

$$Q = \frac{1}{R}\sqrt{\frac{L}{C}} = 2$$

电路中的谐振可定义为:对至少含有一个电感和一个电容的二端电路,当入端阻抗或入端导纳的虚部为零时称电路发生谐振。

图 9-20 所示 RLC 并联电路,入端导纳

$$Y = \frac{1}{R} + \text{j}\left(\omega C - \frac{1}{\omega L}\right) = G + \text{j}B$$

当 $B > 0$ 时电路是电容性的,当 $B < 0$ 时电路是电感性的,当 $B = 0$ 时电路发生谐振。设谐振角频率为 ω_0,则

$$\omega_0 C - \frac{1}{\omega_0 L} = 0$$

$$\omega_0 = \frac{1}{\sqrt{LC}}$$

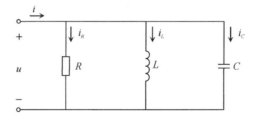

图 9-20　RLC 并联电路

谐振时,电感 L 与电容 C 并联的导纳为零,端电流 $\dot{I}$ 全部流经电阻 R,即 $\dot{I}_R = \dot{I}$,电容和电感中的电流相量分别为

$$\dot{I}_C = \text{j}\omega_0 C \cdot (R\dot{I})$$

$$\dot I_L = -\dot I_C$$

若令该电路的品质因数 Q 为

$$Q = \omega_0 CR = \frac{R}{\omega_0 L} = R\sqrt{\frac{C}{L}} \qquad (9-20)$$

则当 Q 很大时，I_L 和 I_C 很大，故把并联谐振也称为电流谐振。

　　实际电感线圈总存在一定的电阻，电感线圈与电容器并联的一种电路模型如图 9-21(a) 所示。入端导纳

$$Y = j\omega C + \frac{1}{R + j\omega L} = \frac{1 - \omega^2 LC + j\omega RC}{R + j\omega L}$$

上式可变换为

$$Y = \frac{RC}{L} \times \frac{\dfrac{1 - \omega^2 LC}{RC} + j\omega}{\dfrac{R}{L} + j\omega}$$

当

$$\frac{1 - \omega^2 LC}{RC} = \frac{R}{L}$$

时导纳 Y 的虚部为零。从上式得谐振角频率 ω_0 为

$$\omega_0 = \frac{1}{\sqrt{LC}}\sqrt{1 - \frac{R^2 C}{L}}$$

可见，只有当 $R^2 C/L < 1$ 时电路才能发生谐振。若 $R^2 C/L \ll 1$，有

$$\omega_0 \approx \frac{1}{\sqrt{LC}}$$

谐振时的导纳 Y 为

$$Y = \frac{RC}{L}$$

谐振时的相量图如图 9-21(b) 所示，三个电流相量构成直角三角形。

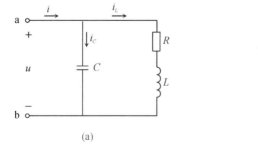
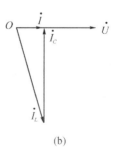

(a)　　　　　　　　　　　　　　　　(b)

图 9-21　并联谐振电路及其相量图

对由多个储能元件构成的二端电路,谐振频率也可能有多个。以图 9 - 22 所示电路为例,当 L 与 C_1 发生并联谐振时,整个电路也发生并联谐振,对应的谐振角频率为

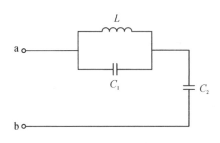

$$\omega_1 = \frac{1}{\sqrt{LC_1}} \qquad (9-21)$$

当 L 与 C_1 并联呈现电感性时,再与 C_2 的串联还有可能发生串联谐振,因此,该电路还存在一个谐振频率。

图 9 - 22　有两个谐振频率的电路

电路的入端阻抗 Z 为

$$Z = \frac{1}{\frac{1}{j\omega L} + j\omega C_1} + \frac{1}{j\omega C_2}$$

$$= \frac{j\omega L}{1 + (j\omega)^2 LC_1} + \frac{1}{j\omega C_2}$$

$$= \frac{1 + (j\omega)^2 L(C_1 + C_2)}{j\omega C_2 + (j\omega)^3 LC_1 C_2}$$

当上式中的分母等于零时,电路发生并联谐振,谐振角频率 ω_1 如式(9 - 21)所示。当上式中的分子等于零时,电路发生串联谐振,由

$$1 + (j\omega)^2 L(C_1 + C_2) = 0$$

求得串联谐振角频率 ω_2 为

$$\omega_2 = \frac{1}{\sqrt{L(C_1 + C_2)}}$$

显然,$\omega_2 < \omega_1$。

9.6　有功功率

图 9 - 23 所示二端电路 N,设端电压 $u(t)$ 和端电流 $i(t)$ 分别为

$$u(t) = \sqrt{2}U\cos(\omega t)$$

$$i(t) = \sqrt{2}I\cos(\omega t - \varphi)$$

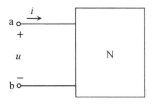

其中 φ 是 $u(t)$ 与 $i(t)$ 的相位差。则 N 吸收的瞬时功率 $p(t)$ 为

图 9 - 23　二端电路

$$p(t) = u(t)i(t) = 2UI\cos(\omega t)\cos(\omega t - \varphi) \qquad (9-22)$$

利用三角函数等式关系,上式还可表示为

$$p(t) = UI\cos\varphi + UI\cos(2\omega t - \varphi) \qquad (9-23)$$

式(9-23)中等号右端第一项 $UI\cos\varphi$ 不随时间变化,第二项 $UI\cos(2\omega t - \varphi)$ 为余弦,角频率为 2ω。瞬时功率随时间变化,在某时刻,若瞬时功率大于零,表示该电路吸收功率,若瞬时功率小于零,表示该电路释放功率。

工程上计量的功率、家用电器标记的功率,如电热水器的功率为 $1.5\,\text{kW}$,日光灯的功率为 $40\,\text{W}$,等等,都是指瞬时功率的平均值,称为平均功率。电气工程中把平均功率也称为有功功率,简称功率,用 P 表示,定义为

$$P = \frac{1}{T}\int_0^T p(t)\,\mathrm{d}t \qquad (9-24)$$

有功功率的单位为 W。把式(9-23)代入式(9-24)中,得有功功率为

$$P = UI\cos\varphi \qquad (9-25)$$

可见,二端电路的有功功率还与端电压与端电流的相位差有关。

对电阻元件 R,电压与电流的相位差 $\varphi = 0$,由式(9-23),电阻 R 吸收的瞬时功率 $p_R(t)$ 为

$$p_R(t) = UI + UI\cos(2\omega t) \qquad (9-26)$$

可见,瞬时功率始终有 $p_R(t) \geqslant 0$,如图 9-24 所示,表明电阻的耗能特性,它不会对外发出功率。由式(9-25)可知,电阻 R 吸收的有功功率 P_R 为

$$P_R = UI = RI^2 = \frac{U^2}{R}$$

可见,电阻有功功率的计算式与直流时的相同。

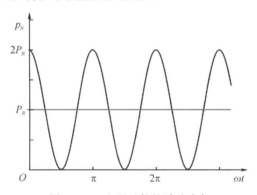

图 9-24　电阻元件的瞬时功率

对电抗元件(电感或电容),设电抗为 X,则

$$i(t) = \sqrt{2}\frac{U}{X}\cos\left(\omega t - \frac{\pi}{2}\right) = \sqrt{2}\frac{U}{X}\sin(\omega t) \qquad (9-27)$$

电抗 X 吸收的瞬时功率 $p_X(t)$ 为

$$p_X(t) = \frac{U^2}{X}\sin(2\omega t) \qquad (9-28)$$

瞬时功率 $p_X(t)$ 为正弦函数,故有功功率 $P_X = 0$,即电抗与外部电路交替吸收与释放能量,这反映了电抗的储能特性。电感元件的瞬时功率如图 9-25 所示。

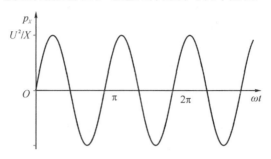

图 9-25　电感元件的瞬时功率

　　阻抗 Z 吸收的有功功率按式(9-25)计算,其中 φ 为阻抗角。若 $Z = R + \mathrm{j}X$,由于 $U = |Z|I$,$|Z|\cos\varphi = R$,故 Z 吸收的有功功率也为

$$UI\cos\varphi = I^2|Z|\cos\varphi = RI^2$$

即阻抗 Z 吸收的有功功率等于其电阻吸收的有功功率。

　　电气工程中把电压和电流有效值的乘积 UI 定义为视在功率(apparent power),它总是大于零,单位为 V·A(伏安)。工程上常用视在功率衡量电气设备在额定电压、额定电流条件下最大的负荷能力,或承载能力(指输出最大有功功率的能力),如长江三峡水电站单台发电机组的容量为 700 MV·A。

　　有功功率与视在功率的比值定义为功率因数(power factor),为

$$\lambda = \frac{P}{UI} = \cos\varphi \qquad (9-29)$$

φ 也称为功率因数角。由于 $\cos\varphi$ 的值不能反映 φ 角的正负,为了区分,习惯上把 $\varphi > 0$ 的 $\cos\varphi$ 称为滞后功率因数(电流滞后于电压),而把 $\varphi < 0$ 的称为越前功率因数。

　　例 9-9　图 9-26 电路是测量电感线圈参数 R 和 L 的一种电路,已知交流电压表、电流表和功率表(有功功率)的读数分别为 50 V、1 A 和 30 W,正弦电源的频率 $f = 50$ Hz。试求 R 和 L 的值。

　　解　由于电感线圈吸收的有功功率等于其电阻 R 吸收的有功功率,$P = RI^2$,故

$$R = \frac{P}{I^2} = 30 \ \Omega$$

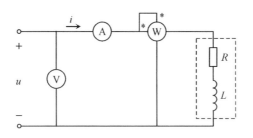

图 9-26　电感线圈参数的测量

电感线圈的阻抗模为

$$|Z| = \frac{U}{I} = 50 \ \Omega$$

由于 $Z = R + \mathrm{j}\omega L$，则

$$\omega L = \sqrt{|Z|^2 - R^2} = 40 \ \Omega$$

电感 L 的值为

$$L = \frac{40}{100\pi} \ \mathrm{H} = 0.127 \ \mathrm{H}$$

例 9-10　图 9-27 所示电路中，设 $\dot{U}_\mathrm{s}$ 和 Z 均已知，在下列两种情况下，求负载 Z_L 吸收有功功率 P 的最大值：(1) Z_L 的实部和虚部均可调；(2) Z_L 为可调电阻 R_L。

解　(1) 设 $Z = R + \mathrm{j}X$，$Z_\mathrm{L} = R_\mathrm{L} + \mathrm{j}X_\mathrm{L}$，负载 Z_L 吸收的有功功率 P 为

图 9-27　最大功率问题

$$P = R_\mathrm{L} I^2 = R_\mathrm{L} \frac{U_\mathrm{s}^2}{(R + R_\mathrm{L})^2 + (X + X_\mathrm{L})^2}$$

调节 X_L，当 $X_\mathrm{L} = -X$ 时，有

$$P\big|_{X_\mathrm{L} = -X} = R_\mathrm{L} \frac{U_\mathrm{s}^2}{(R + R_\mathrm{L})^2}$$

上式最大功率的条件是 $R_\mathrm{L} = R$，则当

$$Z_\mathrm{L} = R - \mathrm{j}X = Z^* \tag{9-30}$$

即负载阻抗与电源内阻抗共轭匹配时，负载 Z_L 获最大功率，其值为

$$P_{\max} = \frac{U_\mathrm{s}^2}{4R} \tag{9-31}$$

(2) 当负载为电阻 R_L 时，它吸收的有功功率 P 为

$$P = R_\mathrm{L} I^2 = R_\mathrm{L} \frac{U_\mathrm{s}^2}{(R + R_\mathrm{L})^2 + X^2}$$

或

$$P = \frac{U_s^2}{R_L + 2R + \dfrac{R^2 + X^2}{R_L}}$$

上式分母对 R_L 求导,令导数为零,可得最大功率的条件为

$$R_L = \sqrt{R^2 + X^2} = |Z| \qquad (9-32)$$

即负载电阻 R_L 等于电源内阻抗的模值。最大功率为

$$P_{\max} = \frac{U_s^2}{2(|Z| + R)} \qquad (9-33)$$

在大型企业中,电动机等负载多为电感性的,且功率因数较低,电源电流的有效值

$$I = \frac{P}{U\cos\varphi}$$

在相同有功功率 P 和额定电压 U 下,功率因数 $\cos\varphi$ 低时需要的电流 I 大。功率因数是衡量电能传输效果的一个非常重要的经济指标,电力系统传输电能的电网非常庞大,延伸数千公里,当然不希望电能的往复传输,这样会增加输电线的电能损耗(线损)。另一方面,对发电机而言,在低功率因数下运行就没有充分利用发电机的容量,因此,提高电路功率因数具有重要的实际意义。提高电路功率因数的一种措施是在电感性负载上并联适当大小的电容,使总功率因数接近于 1,如图 9-28 所示。

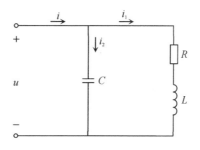

图 9-28　功率因数的提高

例 9-11　对一个 220 V、50 Hz、2 kV·A、$\cos\varphi_1 = 0.5$ 的电感性负载(图 9-28),应该并联多大的电容 C 才能把功率因数提高到 1。

解　根据已知,电源电压的有效值 $U = 220$ V,电感性负载的视在功率为 2 kV·A,则负载电流

$$I_1 = \frac{2000}{220}\ A = 9.09\ A$$

由 $\cos\varphi_1 = 0.5$ 得负载的阻抗角(取大于零的值)

$$\varphi_1 = \arccos 0.5 = +60°$$

电路的相量图如图 9-29 所示,则电容电流

$$I_2 = I_1 \sin\varphi_1 = 7.87 \text{ A}$$

故有

$$C = \frac{I_2}{\omega U} = \frac{7.87}{100\pi \times 220} \text{ F} = 114 \ \mu\text{F}$$

即并联 $114 \ \mu\text{F}$ 的电容可使电路的功率因数提高到 1。从相量图可见,并联电容后, $I = I_1 \cos\varphi_1 = 0.5 I_1$,即电源电流仅仅是负载电流的一半。

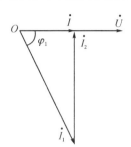

图 9-29 例 9-11 电路的相量图

9.7 无功功率和复功率

计算电力负荷的功率时,除有功功率、视在功率和功率因数外,还有无功功率和复功率,本节介绍它们的定义和计算。

对二端电路 N,在默认参考方向下,设端电压 $u(t)$ 和端电流 $i(t)$ 分别为

$$u(t) = \sqrt{2}U\cos(\omega t)$$

$$i(t) = \sqrt{2}I\cos(\omega t - \varphi)$$

则 N 吸收的瞬时功率 $p(t)$ 为

$$p(t) = u(t)i(t) = 2UI\cos\omega t\cos(\omega t - \varphi) \qquad (9-34)$$

利用三角恒等式

$$\cos(\omega t - \varphi) = \cos\omega t\cos\varphi + \sin\omega t\sin\varphi$$

式(9-34)为

$$p(t) = 2UI\cos\varphi \cdot \cos^2\omega t + UI\sin\varphi \cdot \sin(2\omega t)$$

令

$$Q = UI\sin\varphi \qquad (9-35)$$

则

$$p(t) = 2P\cos^2\omega t + Q\sin(2\omega t) \tag{9-36}$$

式(9-36)中 $2P\cos^2\omega t$ 不小于零,是 $p(t)$ 的不可逆分量;$Q\sin(2\omega t)$ 按正弦变化,是 $p(t)$ 的可逆分量,表示 N 与其外部进行能量交换的功率分量,如图 9-30 所示。电气工程中,把瞬时功率中可逆分量的代数振幅 Q 称为无功功率或电抗功率(reactive power),单位用 var(乏)表示。"无功"的意思是指有关能量不被电路所"消耗",但它是电路所需要的。

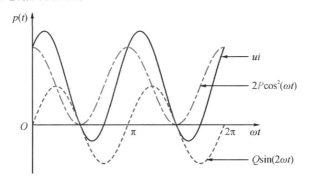

图 9-30　瞬时功率的可逆分量(图中 $P=1\,\text{W}, \varphi=\pi/4$)

从式(9-35)得:电阻、电感和电容元件的无功功率分别为

$$Q_R = 0$$

$$Q_L = \omega L I_L^2$$

$$Q_C = -\omega C U_C^2$$

电阻元件的无功功率是零,即它与其外部不存在能量往返,电感元件的无功功率大于零,而电容元件的无功功率小于零。尽管无功功率不存在"吸收"与"发出"的概念,为了区分无功功率的正负值,工程中常称电容"发出"无功功率,电感"吸收"无功功率。

复功率 S 定义为

$$S = P + jQ \tag{9-37}$$

代入 $P=UI\cos\varphi$ 和 $Q=UI\sin\varphi$,得

$$S = P + jQ = UI \underline{/\varphi} \tag{9-38}$$

则复功率 S 的模$|S|$是视在功率,它们间的关系为

$$|S| = \sqrt{P^2 + Q^2}$$

$$P = |S| \cos\varphi, \quad Q = |S| \sin\varphi$$

由式(9-38)得

$$S = UI \underline{/\varphi} = U \underline{/0°} \cdot I \underline{/\varphi}$$

$I\underline{/\varphi}$是电流相量 $\dot{I}=I\underline{/-\varphi}$的共轭复数$\dot{I}^{*}$,故

$$S=\dot{U}\dot{I}^{*} \tag{9-39}$$

复功率 S 的单位为 V·A。**注意**:复功率 S 按 $\dot{U}\dot{I}^{*}$ 计算,而不是 $\dot{U}\dot{I}$ 。

由式(9-39)可得阻抗 $Z=R+jX$ 和导纳 $Y=G+jB$ 吸收的复功率分别为

$$S_Z=Z\dot{I}\dot{I}^{*}=ZI^2=RI^2+jXI^2 \tag{9-40}$$

$$S_Y=\dot{U}(Y\dot{U})^{*}=Y^{*}U^2=GU^2-jBU^2 \tag{9-41}$$

依据 KCL 和 KVL 的相量形式可以证明,一个电路中支路复功率的代数和为零:

$$\sum S=0$$

该结论称为复功率平衡。从它也得到

$$\sum P=0$$

$$\sum Q=0$$

习题 9

9-1　利用复数的欧拉公式证明下列三角恒等式:

$$\cos(\alpha+\beta)=\cos\alpha\cdot\cos\beta-\sin\alpha\cdot\sin\beta$$

$$2\cos\alpha\cos\beta=\cos(\alpha-\beta)+\cos(\alpha+\beta)$$

9-2　已知一段电路的电压和电流分别为

$$u=10\sin(10^3t-20°)\text{ V}$$

$$i=2\cos(10^3t-50°)\text{ A}$$

画出它们的波形和相量图,求它们的相位差。

9-3　若已知两个正弦电压的相量分别为 $\dot{U}_1=50\underline{/30°}$ V,$\dot{U}_2=-100\underline{/-150°}$ V,其频率 $f=100$ Hz,则请:(1)写出 u_1、u_2;(2)求 $u=u_1+u_2$ 。

9-4　对 RL 串联电路作如下两次测量:(1)输入 90 V 直流电压时,输入电流为 3 A;(2)输入 $f=50$ Hz,$U=90$ V 的正弦电压时,输入电流为 1.8 A。求 R 和 L 。

9-5　电路由电阻 R 和电感 $L=0.025$H 串联组成,端电压 $u_s=100\sqrt{2}\cos(10^3t)$ V,电感电压的有效值为 25 V。求 R 值和电流的表达式。

9-6　已知题 9-6 图(a)中交流电压表 V_1 和 V_2 的读数分别为 30 V 和 40 V;题 9-6图(b)中 V_1、V_2 和 V_3 的读数分别为 15 V、80 V 和 100 V,求正弦电源电压的有效值。

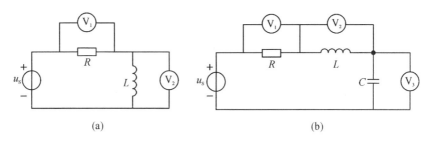

题 9 - 6 图

9-7　题 9-7 图所示 RLC 串联电路,已知 $R=20\ \Omega,L=8\ \mathrm{mH},C=1\ \mu\mathrm{F}$,端电压 $u(t)=100\sqrt{2}\cos(10^4t)$ V。试求各元件上的电压。

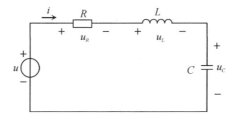

题 9 - 7 图

9-8　利用阻抗和导纳概念,求下列各情况下的等效电感或等效电容:(1)电感 L_1 和 L_2 串联;(2)电感 L_1 和 L_2 并联;(3)电容 C_1 和 C_2 串联;(4)电容 C_1 和 C_2 并联。

9-9　已知题 9-9 图电路中,$R=15\ \Omega,C=0.2\ \mu\mathrm{F},u=25\sqrt{2}\cos(10^6t-126.87°)$ V,$u_C=20\sqrt{2}\cos(10^6t-90°)$ V。求:(1)各支路电流;(2)支路 1 可能是什么元件?

9-10　已知题 9-10 图电路中,$U=100$ V,$U_C=100\sqrt{3}$ V,$1/(\omega C)=100\sqrt{3}\ \Omega$,$Z$ 的阻抗角 $|\varphi|=60°$,求 Z。

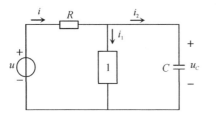　　　　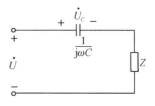

题 9 - 9 图　　　　　　　　　题 9 - 10 图

9 - 11　题 9 - 11 图所示为一种交流电桥,已知正弦电源 u_s 的频率 $f=1\,\text{kHz}$,检流
　　　计 G 读数为零,两个电阻箱的电阻分别为 $R_1=7916\,\Omega$ 和 $R_3=199.6\,\Omega$。
　　　试确定电感线圈 R 和 L 的值。

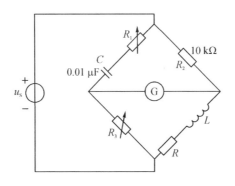

题 9 - 11 图

9 - 12　题 9 - 12 图所示电路中,已知电压 $U=100\,\text{V}$,$R_2=6.5\,\Omega$,$R=20\,\Omega$,当调节触
　　　点 c 使 $R_{ac}=R-R_{cb}=4\,\Omega$ 时,电压表 V 的读数最小,为 $30\,\text{V}$。求阻抗 Z。

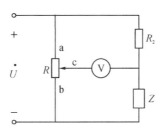

题 9 - 12 图

9 - 13　题 9 - 13 图为正弦电流电路,已知交流电流表 A_1、A_2 和 A_3 的读数分别为
　　　$5\,\text{A}$、$20\,\text{A}$ 和 $25\,\text{A}$。求:(1)电流表 A 的读数;(2)如果维持 A_1 的读数不变,
　　　而把电源的频率提高一倍,再求电流表 A 的读数。

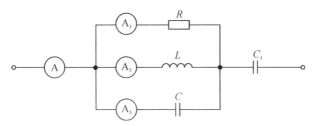

题 9 - 13 图

9-14 题 9-14 图电路中 $\dot{I}=2\underline{/0°}$ A。求电压 $\dot{U}$。

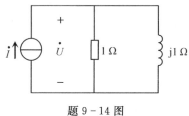

题 9-14 图

9-15 电路如题 9-15 图所示,已知 $u_s=\sqrt{2}\cos(10^6 t+30°)$ V,求电压 u_o。

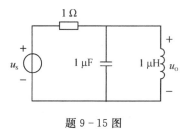

题 9-15 图

9-16 题 9-16 图电路中,已知 $g=3$ S,$\omega=4$ rad/s。求电路的入端导纳。

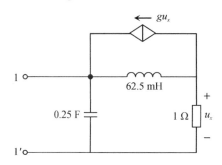

题 9-16 图

9-17 用结点法求题 9-17 图所示电路中的结点电压 $\dot{U}_1$、$\dot{U}_2$ 和电流 $\dot{I}$。

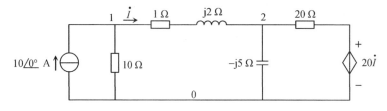

题 9-17 图

9-18 RLC 串联电路,设正弦电压源的有效值保持 10 V 不变,频率可调,已知在 $\omega=1000$ rad/s 处电阻 R 中的电流最大,为 1 A,电容 C 上电压的有效值是电源电压有效值的 10 倍,求 R、L 和 C 的值。

9-19 设电感线圈的电路模型为电阻 R_1 与电感 L 的串联,电容器的电路模型为电阻 R_2 与电容 C 的并联。求把电感线圈与电容器串联时电路的谐振角频率。

9-20 求题 9-20 图所示各电路的谐振角频率。

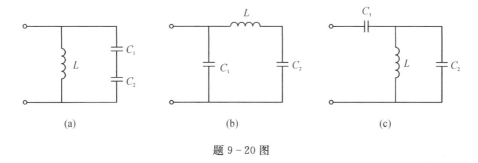

(a)   (b)   (c)

题 9-20 图

9-21 题 9-21 图中,已知 $u_s=\sqrt{2}U_s\cos(\omega_0 t)$,其中 $\omega_0=1/\sqrt{LC}$。(1)用戴维南定理或诺顿定理求负载电阻中的电流 i_R;(2)求电源电流 i。

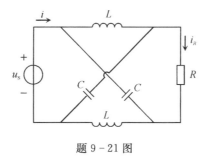

题 9-21 图

9-22 题 9-22 图所示电路,已知正弦电源 $u(t)$ 的角频率为 ω,交流电压表、电流表和功率表的读数分别为 10 V、50 mA 和 0.3 W。求 G 和 ωC 的值。

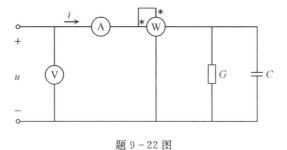

题 9-22 图

9-23　题 9-23 图所示电路,已知 $u_s(t)=\sqrt{2}\cos t$ V,求下列两种情况下负载获得的最大有功功率。(1)负载阻抗的实部和虚部均可调;(2)负载为可调电阻 R。

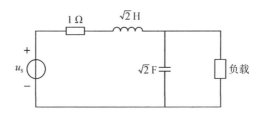

题 9-23 图

9-24　把 3 个负载并联接到 220 V 正弦电源上,各负载取用的功率和电流分别为:$P_1=4.4$ kW,$I_1=44.7$ A(感性);$P_2=8.8$ kW,$I_2=50$ A(感性);$P_3=6.6$ kW,$I_3=60$ A(容性)。求电源供给的总电流和电路的功率因数。

9-25　功率为 60 W,功率因数为 0.5 的日光灯(感性)负载与功率为 100 W 的白炽灯各 50 只并联在频率为 50 Hz、电压为 220 V 的正弦电源上。如果要把电路的功率因数提高到 1,应并联多大的电容。

9-26　在额定电压为 100 V、额定电流为 30 A 的正弦电源上已并联 2 个负载,其电流和功率因数分别为:$I_1=10$ A,$\cos\varphi_1=0.8$(容性);$I_2=20$ A,$\cos\varphi_2=0.5$(感性)。试问:

(1)给该电源还能并联多大电阻的纯电阻负载?

(2)若第 3 个负载是感性的,功率因数为 $\cos\varphi_3=0.6$,求该负载的额定电流不应该超过的数值。

9-27　题 9-27 图所示正弦电流电路,已知 $R_1=6$ Ω,$R_2=2$ Ω,$I=1$ A,$I_2=3$ A,电流 $\dot{I}$ 越前于电压 $\dot{U}$ 相角 36.87°。求 ωL 和 $1/\omega C$ 的值。

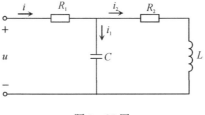

题 9-27 图

9 - 28　题 9 - 28 图电路中,已知 $\dot{U}_s = 10\,\underline{/0^\circ}$ V。求电压源发出的复功率 S。

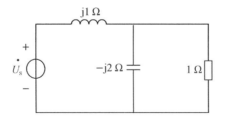

题 9 - 28 图

9 - 29　题 9 - 29 图所示电路中,已知正弦电源电压的有效值 $U_s = 10$ V,它发出的复功率 $S = 12 + j16$ V·A。求阻抗 Z_L。

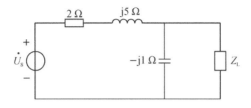

题 9 - 29 图

第 10 章　三相电路

目前,世界各国普遍采用三相交流发电和输电,在供给相同功率的情况下,三相较单相供电在经济上优越。本章介绍三相电路的基本概念和计算,主要内容有:三相电源,对称三相电路的计算,三相电路的功率。

10.1　对称三相电路的计算

三相发电机有三组绕组,它们的匝数相同,在空间上对称分布。若把三组绕组的终端联结,始端对外供电,称其为星联(Y 联)电源,终端联结点 0 称为中性点,供电线 a、b 和 c 称为相线,u_a、u_b 和 u_c 分别表示 a 相、b 相和 c 相绕组上的电压,称为相电压,它们的振幅相同、初相依次相差 120°,如图 10 - 1 所示。

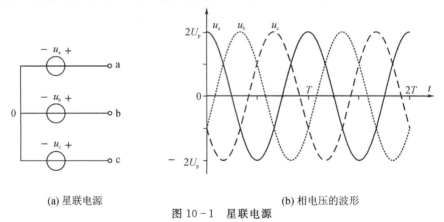

(a) 星联电源　　　　　　　　　　　　　　　　(b) 相电压的波形

图 10 - 1　星联电源

设相电压的有效值为 U_p,各相电压分别为

$$u_a = \sqrt{2}U_p\cos(\omega t)$$

$$u_b = \sqrt{2}U_p\cos(\omega t - 120°)$$

$$u_c = \sqrt{2}U_p\cos(\omega t - 240°) = \sqrt{2}U_p\cos(\omega t + 120°)$$

上述相电压的相序称为正序或顺序。若 b 相电压越前于 a 相电压 120°,c 相电压越前于 b 相电压 120°,则称其相电压的顺序为负序或逆序。以下均默认为正序,各相电压的相量分别为

$$\dot{U}_a = U_p \underline{/0^\circ}$$
$$\dot{U}_b = U_p \underline{/-120^\circ} = 1\underline{/-120^\circ} \cdot \dot{U}_a$$
$$\dot{U}_c = U_p \underline{/120^\circ} = 1\underline{/120^\circ} \cdot \dot{U}_a$$

由于其对称(电压有效值相同,初相依次相差 120°),它们的和等于零,即

$$\dot{U}_a + \dot{U}_b + \dot{U}_c = 0 \quad 或 \quad u_a + u_b + u_c = 0$$

相线与相线间的电压称为线电压,a、b 间的线电压用 $\dot{U}_{ab}$ 表示,依次类推。由 KVL,线电压 $\dot{U}_{ab}$、$\dot{U}_{bc}$ 和 $\dot{U}_{ca}$ 分别为

$$\dot{U}_{ab} = \dot{U}_a - \dot{U}_b$$
$$\dot{U}_{bc} = \dot{U}_b - \dot{U}_c$$
$$\dot{U}_{ca} = \dot{U}_c - \dot{U}_a$$

线电压与相电压间的关系如图 10-2 所示,由相量图求得

$$\begin{cases} \dot{U}_{ab} = \sqrt{3}\underline{/30^\circ}\dot{U}_a \\ \dot{U}_{bc} = \sqrt{3}\underline{/30^\circ}\dot{U}_b = 1\underline{/-120^\circ}\dot{U}_{ab} \\ \dot{U}_{ca} = \sqrt{3}\underline{/30^\circ}\dot{U}_c = 1\underline{/+120^\circ}\dot{U}_{ab} \end{cases} \quad (10-1)$$

则对称星联电源线电压的有效值 U 是相电压有效值 U_p 的 $\sqrt{3}$ 倍:

$$U = \sqrt{3}U_p$$

例如,若相电压的有效值为 220 V,则线电压的有效值为 381 V(近似为 380 V)。

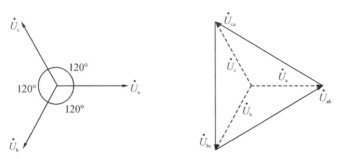

图 10-2 对称星联电源的电压相量

当三相发电机三组绕组上正弦电压对称时,由于这三个电压的和为零,则它们也能接成三角联(△联),如图 10-3 所示。注意,连接时要确保极性正确,否则将损坏发电机。三角联电源的线电压等于其相电压,相线 a 与相线 b 间的线电压等于 ab 相电源电压 $\dot{U}_{ab}$。

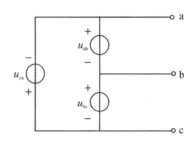

图 10-3　对称三角联电源

　　三角联电源可等效变换为星联,电压间的关系如式(10-1)所示。

　　三相电源供电的电路称为三相电路。图 10-4 所示电路中三相电源为星联,负载为三角联,ab 相、bc 相、ca 相负载的阻抗均为 Z,相线阻抗用 Z_w 表示,该电路为 Y-△连接的三相三线制电路。图 10-5 所示电路中的三相电源和三相负载均为星联,连接电源中性点和负载中性点的导线称为中性线,Z_n 表示中性线阻抗,该电路为 Y-Y 连接的三相四线制电路。

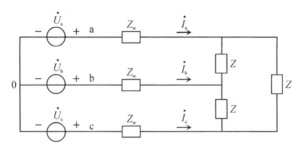

图 10-4　Y-△连接的三相电路

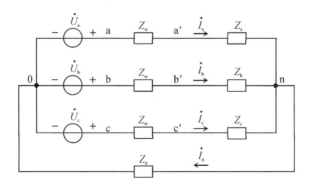

图 10-5　Y-Y 连接的三相四线制电路

三相电源对称、各相对应阻抗相等的三相电路称为对称三相电路,否则,只要任一部分不对称,例如,某一条相线断开,或某一相负载发生短路或开路,三相负载的三个阻抗不相等,它就失去了对称性,为不对称三相电路。

图 10 - 6 所示 Y - Y 连接的对称三相三线制电路,若以电源中性点 0 为参考点,则负载中性点 n 上的 KCL 方程为

$$\frac{\dot{U}_n - \dot{U}_a}{Z} + \frac{\dot{U}_n - \dot{U}_b}{Z} + \frac{\dot{U}_n - \dot{U}_c}{Z} = 0$$

由于三相电源对称,$\dot{U}_a + \dot{U}_b + \dot{U}_c = 0$,故

$$\dot{U}_n = 0$$

即各中性点的电位相等,该结论可推论至所有对称三相电路。由于 $\dot{U}_n = 0$,则各相负载上电压等于其电源相电压,求得电流

$$\dot{I}_a = \frac{\dot{U}_a}{Z}$$

$$\dot{I}_b = \frac{\dot{U}_b}{Z} = 1\underline{/-120°}\dot{I}_a$$

$$\dot{I}_c = \frac{\dot{U}_c}{Z} = 1\underline{/+120°}\dot{I}_a$$

这三个电流是对称的,它们的和等于零,在任何时刻,i_a、i_b 和 i_c 中至少有一个为负值。这表明,对称三相电路在理论上不需要中性线。

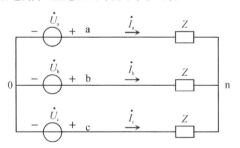

图 10 - 6　Y - Y 连接的对称三相电路

由于各中性点电位相等,故也可以用短路线连接电源中性点和负载中性点,画出 a 相等效电路,计算出其电压和电流,再利用对称性,写出其余两相的电压和电流,这就是对称三相电路归结为一相的计算方法。

例 10 - 1　图 10 - 7 所示对称三相电路,已知:$u_{ab} = 380\sqrt{2}\cos(\omega t + 30°)$ V,相线阻抗 $Z_w = 1 + j2$ Ω,星联负载阻抗 $Z = 5 + j6$ Ω。试求负载端的电流和线电压。

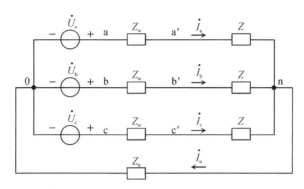

图 10 - 7　Y - Y 对称三相电路

解　根据式(10 - 1),有

$$\dot{U}_a = \frac{1}{\sqrt{3}} \underline{/-30°} \dot{U}_{ab} \approx 220 \underline{/0°} \text{ V}$$

可用短路线连接二个中性点,a 相等效电路如图 10 - 8 所示。注意,连接两个中性点的短路线是 $\dot{U}_n = 0$ 的等效线,与中性线阻抗 Z_n 无关。得

$$\dot{I}_a = \frac{\dot{U}_a}{Z + Z_w} = \frac{220 \underline{/0°}}{5 + j6 + 1 + j2} \text{ A} = 22 \underline{/-53.13°} \text{ A}$$

a 相负载的相电压 $\dot{U}_{a'n}$ 为

$$\dot{U}_{a'n} = Z\dot{I}_a = 171.83 \underline{/-2.94°} \text{ V}$$

依据线电压与相电压的关系,线电压 $\dot{U}_{a'b'}$ 为

$$\dot{U}_{a'b'} = \sqrt{3} \underline{/30°} \dot{U}_{a'n} = 297.61 \underline{/27.06°} \text{ V}$$

依据对称性可以写出

$$\dot{I}_b = 1 \underline{/-120°} \dot{I}_a = 22 \underline{/-173.13°} \text{ A}$$

$$\dot{I}_c = 1 \underline{/120°} \dot{I}_a = 22 \underline{/66.87°} \text{ A}$$

$$\dot{U}_{b'c'} = 1 \underline{/-120°} \dot{U}_{a'b'} = 297.61 \underline{/-92.94°} \text{ V}$$

$$\dot{U}_{c'a'} = 1 \underline{/+120°} \dot{U}_{a'b'} = 297.61 \underline{/147.06°} \text{ V}$$

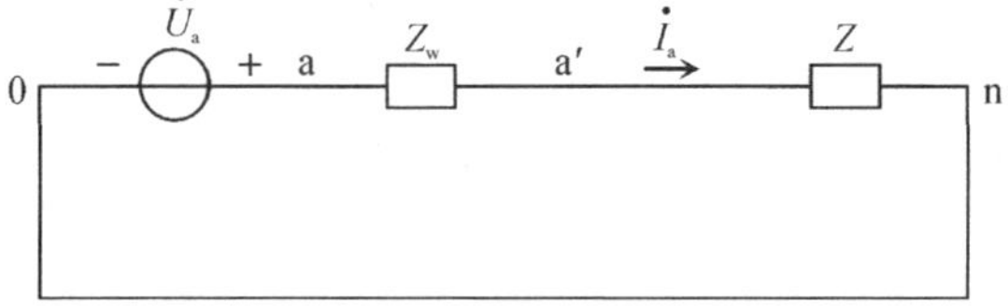

图 10 - 8　a 相等效电路

相线中的电流称为线电流,流经各相负载的电流称为相电流,星联负载的相电流也是其线电流。三角联负载的电流如图 10 - 9 所示,三相电路对称时,ab 相、bc 相、ca 相负载的电流 $\dot{I}_{ab}$、$\dot{I}_{bc}$、$\dot{I}_{ca}$ 对称,依据 KCL,线电流 $\dot{I}_a$、$\dot{I}_b$、$\dot{I}_c$ 分别为

$$\dot{I}_a = \dot{I}_{ab} - \dot{I}_{ca}$$

$$\dot{I}_b = \dot{I}_{bc} - \dot{I}_{ab}$$

$$\dot{I}_c = \dot{I}_{ca} - \dot{I}_{bc}$$

若线电流已知,由相量图可得相电流为

$$\begin{cases} \dot{I}_{ab} = \dfrac{1}{\sqrt{3}} \underline{/30^\circ} \dot{I}_a \\[2mm] \dot{I}_{bc} = \dfrac{1}{\sqrt{3}} \underline{/30^\circ} \dot{I}_b \\[2mm] \dot{I}_{ca} = \dfrac{1}{\sqrt{3}} \underline{/30^\circ} \dot{I}_c \end{cases} \tag{10 - 2}$$

设线电流的有效值为 I,相电流的有效值为 I_p,则

$$I_p = \frac{1}{\sqrt{3}} I$$

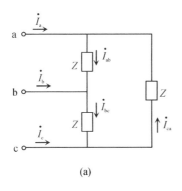 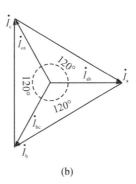

(a)   (b)

图 10 - 9 三角联负载的线电流与相电流

例 10 - 2 图 10 - 10 所示对称三相电路。已知:$Z = 19.2 + j14.4\ \Omega$,$Z_w = 3 + j4\ \Omega$,三相电源相电压的有效值为 220 V。求负载相电流。

解 当三相电路存在三角联电源和负载时,可以将它们等效变换为星联,然后用一相法计算。把三角联负载等效变换为星联,如图 10 - 11 所示。其中

$$Z_Y = \frac{Z}{3} = \frac{19.2 + j14.4}{3}\ \Omega = 6.4 + j4.8\ \Omega$$

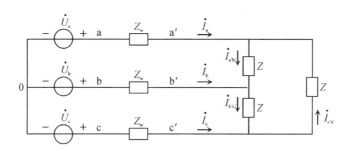

图 10 - 10　Y-△三相电路

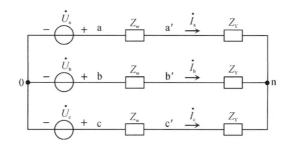

图 10 - 11　对称 Y - Y 三相电路

令 $\dot{U}_a = 220\underline{/0°}$ V,根据 a 相等效电路,线电流 $\dot{I}_a$ 为

$$\dot{I}_a = \frac{\dot{U}_a}{Z_w + Z_Y} = 17.1\underline{/-43.2°}\ \text{A}$$

利用式(10-2),负载相电流 $\dot{I}_{a'b'}$ 为

$$\dot{I}_{a'b'} = \frac{1}{\sqrt{3}}\underline{/30°}\dot{I}_a = 9.9\underline{/-13.2°}\ \text{A}$$

依据对称性有

$$\dot{I}_{b'c'} = 1\underline{/-120°}\dot{I}_{a'b'} = 9.9\underline{/-133.2°}\ \text{A}$$

$$\dot{I}_{c'a'} = 1\underline{/120°}\dot{I}_{a'b'} = 9.9\underline{/106.8°}\ \text{A}$$

10.2　不对称三相电路的概念

　　图 10 - 12(a)所示电路中,设三相电源对称,但负载不对称,取电源中性点 0 为参考点,对结点 n 应用 KCL,有

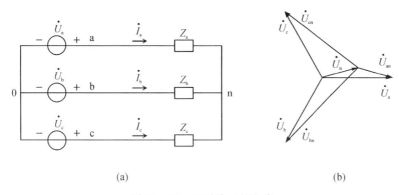

(a)　　　　　　　　　　　　　　　(b)

图 10 - 12　不对称三相电路

$$\frac{\dot{U}_n - \dot{U}_a}{Z_a} + \frac{\dot{U}_n - \dot{U}_b}{Z_b} + \frac{\dot{U}_n - \dot{U}_c}{Z_c} = 0$$

则负载中性点的电压为

$$\dot{U}_n = \frac{\dfrac{\dot{U}_a}{Z_a} + \dfrac{\dot{U}_b}{Z_b} + \dfrac{\dot{U}_c}{Z_c}}{\dfrac{1}{Z_a} + \dfrac{1}{Z_b} + \dfrac{1}{Z_c}} \qquad (10-3)$$

三相电路不对称时,负载中性点的电压 $\dot{U}_n$ 不为零,负载上的相电压分别为

$$\dot{U}_{an} = \dot{U}_a - \dot{U}_n$$

$$\dot{U}_{bn} = \dot{U}_b - \dot{U}_n$$

$$\dot{U}_{cn} = \dot{U}_c - \dot{U}_n$$

用相量图表示负载上的电压,如图 10 - 12(b)所示意。可看出,当 U_n 比较大时,会造成负载上相电压的严重不对称,从而可能使各相负载都无法正常工作。

用四线制电路可克服图 10 - 12 电路所存在的问题,如图 10 - 13 所示。由于中性线的存在(设中性线的阻抗为零),强制 $\dot{U}_n = 0$,尽管负载不对称,但各相负载上的电压等于其电源相电压,确保各相负载安全工作,且各相保持独立,这就克服了无中性线时引起的问题。因此,在负载不对称的情况下中性线的存在是非常重要的,它不仅是单相负载所必须的,而且能起到保证安全供电的作用,故在中性线上绝不允许安装保险丝或独立操作的开关。

依据 KCL,中性线的电流 $\dot{I}_n$ 为

$$\dot{I}_n = \dot{I}_a + \dot{I}_b + \dot{I}_c = \frac{\dot{U}_a}{Z_a} + \frac{\dot{U}_b}{Z_b} + \frac{\dot{U}_c}{Z_c}$$

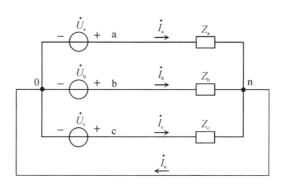

图 10 - 13　三相四线制电路

例 10 - 3　电路如图 10 - 14 所示,已知三相电源是对称的,$\dot{U}_{ab}=220\sqrt{3}\underline{/30°}$ V,$R=1/(\omega C)$,设交流电压表是理想的,求电压表的读数。

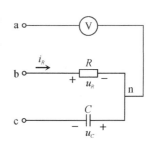

图 10 - 14　例 10 - 3 电路

解　a 相电源电压

$$\dot{U}_{a} = \frac{1}{\sqrt{3}}\underline{/-30°}\dot{U}_{ab} = 220\underline{/0°}\ \text{V}$$

由式(10 - 3),结点 n 的电压 $\dot{U}_{n}$ 为

$$\dot{U}_{n} = \frac{\dfrac{1}{R}\dot{U}_{b} + j\omega C\dot{U}_{c}}{\dfrac{1}{R} + j\omega C} = \frac{\dot{U}_{b} + j\dot{U}_{c}}{1 + j}$$

由 $\dot{U}_{b}=1\underline{/-120°}\dot{U}_{a}$,$\dot{U}_{c}=1\underline{/120°}\dot{U}_{a}$ 得

$$\dot{U}_{b} = 220\underline{/-120°},\dot{U}_{c} = 220\underline{/120°}$$

故 $\dot{U}_{n}=-300.5\underline{/0°}$ V。

$$\dot{U}_{an} = \dot{U}_{a} - \dot{U}_{n} = 520.5\underline{/0°}\ \text{V}$$

即电压表读数为 520.5 V。

本题借助相量图求解也很方便,相量图如图 10 - 15 所示,$\dot{U}_{an}$ 的有效值为

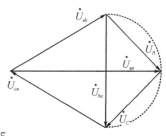

图 10 - 15　相量图

$$U_{an} = U_{ab}\cos 30° + U_{ab}\sin 30°$$

$$= \frac{\sqrt{3}+1}{2} \times 220\sqrt{3}\ \text{V}$$

$$= 520.5\ \text{V}$$

10.3　三相电路的功率

设三相电路对称,负载端相线 a、b 和 c 的结点电压分别为 u_a、u_b 和 u_c,线电流分别为 i_a、i_b 和 i_c,参考方向流进负载。以星联负载为例,它吸收的瞬时功率 p 为

$$p = u_a i_a + u_b i_b + u_c i_c \qquad (10-4)$$

设 $u_a = \sqrt{2} U_p \cos(\omega t)$,$i_a = \sqrt{2} I_p \cos(\omega t - \varphi)$,则

$$u_a i_a = 2 U_p I_p \cos(\omega t) \cos(\omega t - \varphi)$$
$$= U_p I_p [\cos\varphi + \cos(2\omega t - \varphi)]$$
$$u_b i_b = 2 U_p I_p \cos(\omega t - 120°) \cos(\omega t - \varphi - 120°)$$
$$= U_p I_p [\cos\varphi + \cos(2\omega t - \varphi - 240°)]$$
$$u_c i_c = 2 U_p I_p \cos(\omega t + 120°) \cos(\omega t - \varphi + 120°)$$
$$= U_p I_p [\cos\varphi + \cos(2\omega t - \varphi + 240°)]$$

故

$$p = 3 U_p I_p \cos\varphi = 3 P_a$$

该式表明,对称三相电路中,三相负载吸收的瞬时功率是恒定值,为一相负载有功功率的 3 倍,这是对称三相电路的一个优越性能。

把 $i_c = -(i_a + i_b)$ 代入式(10-4)中,三相制负载吸收的瞬时功率

$$p = u_a i_a + u_b i_b - u_c (i_a + i_b)$$
$$= (u_a - u_c) i_a + (u_b - u_c) i_b$$
$$= u_{ac} i_a + u_{bc} i_b \qquad (10-5)$$

根据式(10-5),测量有功功率需要使用两只交流功率表,故而称为二瓦计法,接线如图 10-16 所示。有功功率 P 为

$$P = P_1 + P_2$$

其中 P_1 和 P_2 分别为功率表 W_1 和 W_2 的功率读数。设阻抗角是 φ,线电压和线电流的有效值分别是 U 和 I,借助相量图可得

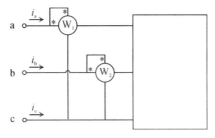

图 10-16　测量有功功率的二瓦计法

$$\begin{cases} P_1 = UI\cos(\varphi - 30°) \\ P_2 = UI\cos(\varphi + 30°) \end{cases} \tag{10-6}$$

对电感性负载,当功率因数 $\cos\varphi < 0.5$(或 $60° < \varphi < 90°$)时,功率表 W_2 的读数 P_2 为负值。从式(10-6)得

$$P = \sqrt{3}UI\cos\varphi \tag{10-7}$$

无论负载是星联还是三角联,都可以用该式计算有功功率,其中 φ 表示阻抗角。

对三相负载,总无功功率等于各相无功功率的和,总复功率等于各相复功率的和,星联负载的无功功率和复功率分别为

$$Q = Q_a + Q_b + Q_c$$

$$S = S_a + S_b + S_c$$

当三相电路对称时,有

$$Q = 3U_p I_p \sin\varphi = \sqrt{3}UI\sin\varphi$$

$$S = \sqrt{3}UI\,\underline{/\varphi}$$

三相电路不对称时,三线制负载的有功功率用二瓦计法测量,四线制负载的有功功率要用三只功率表测量。

例 10-4 若图 10-16 所示为对称三相电路,已知三相负载吸收的功率为 3 kW,功率因数 $\cos\varphi = 0.866$(滞后)。求图中每个功率表的读数。

解 阻抗角 $\varphi = \arccos 0.866 = 30°$。由式(10-6)有

$$\frac{P_1}{P_2} = \frac{\cos(\varphi - 30°)}{\cos(\varphi + 30°)} = \frac{\cos 0°}{\cos 60°} = 2$$

又由于

$$P_1 + P_2 = P = 3\ \text{kW}$$

从以上两式得

$$P_1 = \frac{2}{3}P = 2\ \text{kW}$$

$$P_2 = \frac{1}{3}P = 1\ \text{kW}$$

习题 10

10-1 对称三相电路中,已知电源的线电压 $U = 380$ V,星联负载阻抗 $Z = 165 + \text{j}84\ \Omega$,相线阻抗 $Z_w = 2 + \text{j}\ \Omega$,中性线阻抗 $Z_n = 1 + \text{j}\ \Omega$。求负载端的电流和线电压,并画出电路的相量图。

10－2 对称三相电路中,已知电源的线电压 $U=380$ V,三角联负载阻抗 $Z=4.5+$
j14 Ω,相线阻抗 $Z_w=1.5+j2$ Ω。求负载的线电流和相电流。

10－3 题 10－3 图所示对称 Y－Y 三相电路中,已知交流电压表的读数为
1143.16 V,$Z=15+j15\sqrt{3}$ Ω,$Z_w=1+j2$ Ω。求:
(1)交流电流表的读数和电源的线电压 U;
(2)如果 a 相负载短路,电源电压保持不变,求电流表的读数。

10－4 题 10－4 图所示是由两个灯泡和一个电容器组成的一个简易相序指示仪。
若设三相电源对称,电容连接在 a 相,试画出相量图,分析该指示仪原理,
说明较亮的灯泡连接在哪一相?

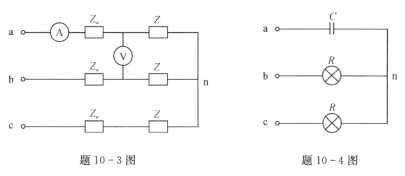

题 10－3 图   题 10－4 图

10－5 电路如题 10－5 图所示,已知三相电源是对称的,$\dot{U}_{ab}=220\sqrt{3}\underline{/30°}$ V,
$R=1/(\omega C)$,设交流电压表是理想的,求电压表的读数。

10－6 题 10－6 图所示对称三相电路中,三相电动机线电压 $U_{a'b'}=380$ V,吸收的
功率为 1.4 kW,其功率因数 $\lambda_1=0.866$(滞后),供电线阻抗 $Z_w=-j55$ Ω。
求电源端线电压 U 和电路的功率因数 λ。

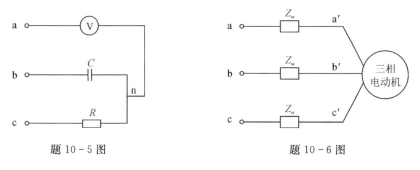

题 10－5 图   题 10－6 图

10－7 对称三相电路中,已知电源线电压 $U=380$ V,频率 $f=50$ Hz,三相感性负
载吸收的功率为 10 kW,功率因数为 $\lambda_1=0.866$,若用电容组成的三角联网
络把功率因数提高至 1,求电容值。

10-8 题 10-8 图所示为对称 Y-△三相电路,电源线电压 $U=380$ V,功率表 W_1
　　　和 W_2 的读数分别为 782 W 和 1976.44 W。求:(1)负载阻抗 Z;(2)开关
　　　S 断开后,功率表的读数。

10-9 题 10-9 图所示电路中,对称三相电源的线电压 $U=380$ V,$Z_1=100+j100$ Ω,
　　　$Z=50+j50$ Ω,Z_a 由 R、L、C 串联组成,其中:$R=50$ Ω,$\omega L=314$ Ω,
　　　$1/(\omega C)=264$ Ω。求:(1)开关 S 断开时的线电流;(2)在开关 S 闭合情况
　　　下,若用二瓦计法测量电源端三相功率,试画出接线图,并求两个功率表的
　　　读数。

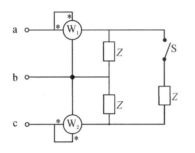   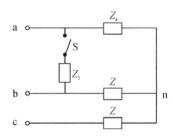

题 10-8 图   题 10-9 图

10-10 题 10-10 图所示三相四线制电路中,已知 $Z_1=-j10$ Ω,$Z_2=5+j12$ Ω,对
　　　称三相电源的线电压 $U=380$ V,开关 S 闭合时电阻 R 吸收的功率为
　　　24.2 kW。求:(1)S 闭合时各表的读数;(2)S 断开时各表的读数。

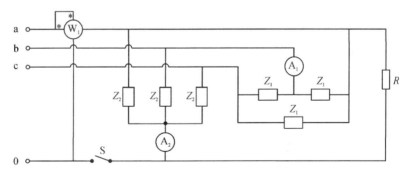

题 10-10 图

第11章 磁耦合电感和理想变压器

当电路中存在多个电感线圈时,若它们放置较近,且没有采取磁屏蔽措施,则这些电感线圈之间就会存在一定的磁耦合,故而一个电感线圈上的电压不仅与其自身电流的变化有关,还与其他电感线圈中电流的变化有关。

变压器是一种常见的电气设备或电路器件,它利用线圈间的磁耦合原理传递电能,并具有变压、变流和变阻抗的作用。本章介绍理想变压器的 VCR 及基本应用电路。

11.1 磁耦合电感

图 11-1 为两个存在磁耦合的电感线圈,匝数分别为 N_1 和 N_2,流经线圈的电流分别为 i_1 和 i_2,磁动势(线圈匝数与电流的乘积)分别为 $N_1 i_1$ 和 $N_2 i_2$,设由 $N_1 i_1$ 产生的穿过线圈 1 的磁通为 Φ_{11},穿过线圈 2 的磁通为 Φ_{21};由 $N_2 i_2$ 产生的穿过线圈 2 的磁通为 Φ_{22},穿过线圈 1 的磁通为 Φ_{12},每一线圈电流所产生的磁场方向按右螺旋法则确定。

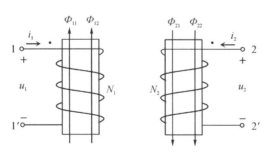

图 11-1 耦合电感的磁通

设导磁材料具有线性特性,则磁通与产生它的电流成正比,Φ_{11} 正比于 i_1,Φ_{22} 正比于 i_2,磁通链 $N_1\Phi_{11}$ 和 $N_2\Phi_{22}$ 分别正比于 i_1 和 i_2,定义

$$L_1 = \frac{N_1 \Phi_{11}}{i_1}, \quad L_2 = \frac{N_2 \Phi_{22}}{i_2} \tag{11-1}$$

L_1 和 L_2 分别称为线圈 1 和线圈 2 的自感,它们与线圈匝数的 2 次方成正比。

互磁通 Φ_{12} 和 Φ_{21} 分别正比于 i_2 和 i_1,电磁理论证明

$$\frac{\Phi_{12}}{N_2 i_2} = \frac{\Phi_{21}}{N_1 i_1}$$

或

$$\frac{N_1 \Phi_{12}}{i_2} = \frac{N_2 \Phi_{21}}{i_1} = M \tag{11-2}$$

M 称为互感,单位为 H,本书中互感 M 总是取正值。

耦合电感使用自感 L_1、L_2 和互感 M 三个参数描述,互感 M 的大小与两个线圈的摆放位置和距离的远近等有关,由式(11-2)有

$$M = \sqrt{\frac{N_1 N_2 \Phi_{12} \Phi_{21}}{i_1 i_2}}$$

由于 $\Phi_{21} \leqslant \Phi_{11}$,$\Phi_{12} \leqslant \Phi_{22}$,故

$$M \leqslant \sqrt{\frac{N_1 N_2 \Phi_{11} \Phi_{22}}{i_1 i_2}}$$

由式(11-1)得

$$M \leqslant \sqrt{L_1 L_2}$$

可见,互感 M 不大于两个自感的几何平均值。工程中用耦合因数 k 表示磁耦合的紧疏程度,定义为

$$k = \frac{M}{\sqrt{L_1 L_2}}$$

则 $0 \leqslant k \leqslant 1$。$k=1$ 时称为全耦合,每一线圈电流产生的磁通全部穿过另一线圈;$k=0$ 时无耦合。

穿过线圈 1 的总磁通为 $(\Phi_{11} + \Phi_{12})$,忽略绕线电阻时线圈 1 上的电压 u_1 为

$$u_1 = N_1 \frac{\mathrm{d}(\Phi_{11} + \Phi_{12})}{\mathrm{d}t} = \frac{\mathrm{d}N_1 \Phi_{11}}{\mathrm{d}t} + \frac{\mathrm{d}N_1 \Phi_{12}}{\mathrm{d}t}$$

u_1 的参考方向如图 11-1 中所示。由式(11-1)和式(11-2)得

$$u_1 = L_1 \frac{\mathrm{d}i_1}{\mathrm{d}t} + M \frac{\mathrm{d}i_2}{\mathrm{d}t} \tag{11-3}$$

$L_1 \mathrm{d}i_1/\mathrm{d}t$ 是线圈 1 上的自感电压,$M\mathrm{d}i_2/\mathrm{d}t$ 是电流 i_2 在线圈 1 上产生的互感电压。

同理,穿过线圈 2 的总磁通为 $N_2(\Phi_{22} + \Phi_{21})$,故线圈 2 上的电压 u_2 为

$$u_2 = N_2 \frac{\mathrm{d}(\Phi_{22} + \Phi_{21})}{\mathrm{d}t} = \frac{\mathrm{d}N_2 \Phi_{22}}{\mathrm{d}t} + \frac{\mathrm{d}N_2 \Phi_{21}}{\mathrm{d}t}$$

由式(11-1)和式(11-2)得

$$u_2 = L_2 \frac{\mathrm{d}i_2}{\mathrm{d}t} + M \frac{\mathrm{d}i_1}{\mathrm{d}t} \tag{11-4}$$

$L_2 \mathrm{d}i_2/\mathrm{d}t$ 是线圈 2 上的自感电压,$M\mathrm{d}i_1/\mathrm{d}t$ 是电流 i_1 在线圈 2 上产生的互感电压。

对磁耦合线圈,线圈中,若两个电流产生的磁通相加,称这两个电流的流进端(或流出端)为一组同名端(或对应端),用"·""*"等符号标记,另一组端子自然也是同名端,不需要重复标记;线圈中,若两个电流产生的磁通相减,则这两个电流的流进端(或流出端)为异名端。图 11-1 中,在图示电流参考方向下,线圈中的磁通相加,故端子 1 与端子 2 为一组同名端,端子 1′与端子 2′也为同名端。图 11-2 中,按右螺旋法则,可判断出线圈中磁通相减,故端子 1 与端子 2′为同名端。磁耦合线圈的同名端与两个线圈的摆放位置和绕向有关,而与电流的参考方向无关。在多个线圈情况下,同名端宜按每两个线圈标记,且使用不同的符号。

图 11-2　同名端的判断

每一线圈上的电压等于自感电压与互感电压的和,若电压正极性端是电流的进端,则自感电压带正号,否则带负号。互感电压的极性根据同名端确定:当两个电流都由同名端流进(或流出)时,互感电压与自感电压的极性相同;否则,互感电压与自感电压的极性相反。有同名端标记后,线圈的绕向和摆放位置就没有必要画出,耦合电感的图形符号如图 11-3 所示。在图示参考方向下,其 VCR 为

$$\begin{cases} u_1 = L_1 \dfrac{\mathrm{d}i_1}{\mathrm{d}t} + M \dfrac{\mathrm{d}i_2}{\mathrm{d}t} \\[2mm] u_2 = M \dfrac{\mathrm{d}i_1}{\mathrm{d}t} + L_2 \dfrac{\mathrm{d}i_2}{\mathrm{d}t} \end{cases} \tag{11-5}$$

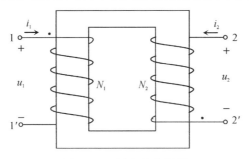

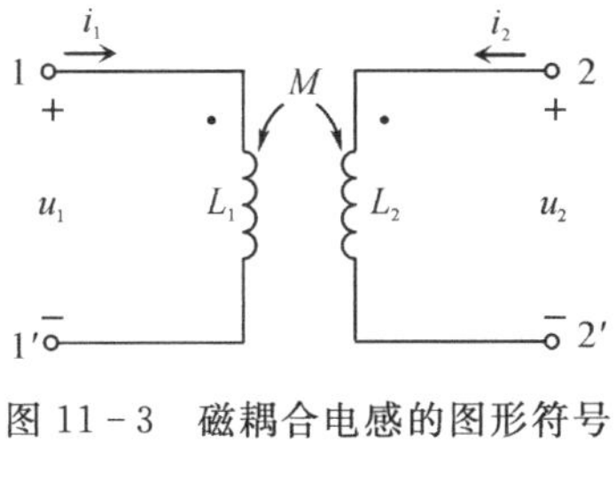

图 11-3　磁耦合电感的图形符号

对图 11-4 所示耦合电感,电流 i_1 和 i_2 的两个流进端为异名端,故互感电压与自感电压的极性相反,其 VCR 为

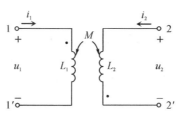

图 11 - 4　磁耦合电感的 VCR

$$\begin{cases} u_1 = L_1 \dfrac{\mathrm{d}i_1}{\mathrm{d}t} - M \dfrac{\mathrm{d}i_2}{\mathrm{d}t} \\[3mm] u_2 = - M \dfrac{\mathrm{d}i_1}{\mathrm{d}t} + L_2 \dfrac{\mathrm{d}i_2}{\mathrm{d}t} \end{cases}$$

例 11 - 1　图 11 - 3 中,已知:$i_1 = 1\,\mathrm{A}$(直流),$i_2 = 5\cos(10t)\,\mathrm{A}$,$L_1 = 2\,\mathrm{H}$,$L_2 = 3\,\mathrm{H}$,$M = 1\,\mathrm{H}$。求电压 u_1 和 u_2。

解　由式(11 - 5)得

$$u_1 = L_1 \frac{\mathrm{d}i_1}{\mathrm{d}t} + M \frac{\mathrm{d}i_2}{\mathrm{d}t} = - 50\sin(10t)\,\mathrm{V}$$

$$u_2 = M \frac{\mathrm{d}i_1}{\mathrm{d}t} + L_2 \frac{\mathrm{d}i_2}{\mathrm{d}t} = - 150\sin(10t)\,\mathrm{V}$$

电压 u_1 中只有互感电压,电压 u_2 中只有自感电压,这说明直流电流 i_1 虽产生磁通,但不产生电压。

图 11 - 3 所示耦合电感吸收的瞬时功率为

$$\begin{aligned} p &= u_1 i_1 + u_2 i_2 \\ &= L_1 i_1 \frac{\mathrm{d}i_1}{\mathrm{d}t} + M i_1 \frac{\mathrm{d}i_2}{\mathrm{d}t} + M i_2 \frac{\mathrm{d}i_1}{\mathrm{d}t} + L_2 i_2 \frac{\mathrm{d}i_2}{\mathrm{d}t} \\ &= \frac{\mathrm{d}}{\mathrm{d}t}\left(\frac{1}{2} L_1 i_1^2 + M i_1 i_2 + \frac{1}{2} L_2 i_2^2 \right) \end{aligned}$$

则磁场能量

$$W(t) = \frac{1}{2} L_1 i_1^2 + M i_1 i_2 + \frac{1}{2} L_2 i_2^2 \tag{11 - 6}$$

类似地,图 11 - 4 所示耦合电感的磁场能量为

$$W(t) = \frac{1}{2} L_1 i_1^2 - M i_1 i_2 + \frac{1}{2} L_2 i_2^2 \tag{11 - 7}$$

由相量法知识,图 11 - 3 所示耦合电感 VCR 的相量形式为

$$\begin{cases} \dot{U}_1 = \mathrm{j}\omega L_1 \dot{I}_1 + \mathrm{j}\omega M \dot{I}_2 \\[2mm] \dot{U}_2 = \mathrm{j}\omega M \dot{I}_1 + \mathrm{j}\omega L_2 \dot{I}_2 \end{cases} \tag{11 - 8}$$

式中，$j\omega L_1$ 和 $j\omega L_2$ 分别称为 L_1 和 L_2 的自感阻抗；$j\omega M$ 称为互感阻抗。

图 11-5 所示为一空心变压器电路，R_1 和 R_2 分别表示两个线圈的电阻，设电压源为正弦电压，负载阻抗为 Z_L，若以电流 $\dot{I}_1$ 和 $\dot{I}_2$ 为变量，对两个回路分别应用 KVL，有

$$(R_1 + j\omega L_1)\dot{I}_1 + j\omega M \dot{I}_2 = \dot{U}_s$$

$$j\omega M \dot{I}_1 + (R_2 + j\omega L_2 + Z_L)\dot{I}_2 = 0$$

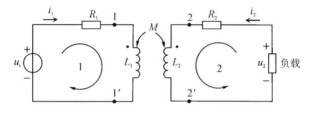

图 11-5　空心变压器电路

分析耦合电感电路时，一般要将电感支路的电流作为方程变量。需要注意，每一电感上除了自感电压外，也要计入互感电压，同时要注意互感电压的极性。令 $Z_{11} = R_1 + j\omega L_1$，$Z_{22} = R_2 + j\omega L_2 + Z_L$，它们分别为两个回路中的阻抗，则上述方程为

$$\begin{cases} Z_{11}\dot{I}_1 + j\omega M \dot{I}_2 = \dot{U}_s \\ j\omega M \dot{I}_1 + Z_{22}\dot{I}_2 = 0 \end{cases} \qquad (11-9)$$

式(11-9)是回路电流方程，$\dot{I}_1$ 和 $\dot{I}_2$ 分别为

$$\dot{I}_1 = \frac{Z_{22}\dot{U}_s}{Z_{11}Z_{22} + (\omega M)^2} = \frac{\dot{U}_s}{Z_{11} + \dfrac{(\omega M)^2}{Z_{22}}} \qquad (11-10)$$

$$\dot{I}_2 = -\frac{j\omega M \dot{U}_s}{Z_{11}Z_{22} + (\omega M)^2} = -\frac{\dfrac{j\omega M}{Z_{11}}\dot{U}_s}{Z_{22} + \dfrac{(\omega M)^2}{Z_{11}}} \qquad (11-11)$$

由 $\dot{I}_1$ 和 $\dot{I}_2$ 容易求得电路中的各个电压。

由式(11-10)和式(11-11)可分别画出回路 1 和回路 2 的等效电路，如图 11-6 所示。在回路 1 的等效电路中，$(\omega M)^2/Z_{22}$ 是回路 2 在回路 1 的引入阻抗，该阻抗与 Z_{22} 成反比，与 $(\omega M)^2$ 成正比；在回路 2 的等效电路中，$(\omega M)^2/Z_{11}$ 是回路 1 在回路 2 的引入阻抗，$j\omega M \dot{U}_s/Z_{11}$ 是戴维南电压，它等于负载开路时的电压 $\dot{U}_2$。

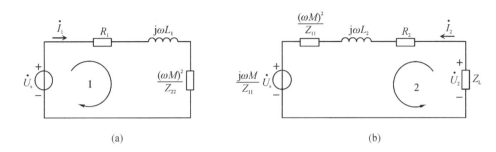

图 11 - 6   各回路的等效电路

例 11 - 2   图 11 - 5 所示电路中,$u_s(t) = 100\sqrt{2}\cos(10t)$ V,$R_1 = R_2 = 10\ \Omega$,$L_1 = 5$ H,$L_2 = 3.2$ H,耦合因数 $k = 1$,负载阻抗 $Z_L = 50\ \Omega$,求电压 $\dot{U}_2$。

解   互感 M 为

$$M = k\sqrt{L_1 L_2} = 4\ \text{H}$$

由图 11 - 6(b)所示等效电路,电流 $\dot{I}_2$ 为

$$\dot{I}_2 = -\frac{\dfrac{\mathrm{j}\omega M}{Z_{11}}\dot{U}_s}{Z_{22} + \dfrac{(\omega M)^2}{Z_{11}}} = -\frac{\dfrac{\mathrm{j}40}{10+\mathrm{j}50} \times 100}{60 + \mathrm{j}32 + \dfrac{40^2}{10+\mathrm{j}50}}\ \text{A} = 1.159\ \underline{/-169.76°}\ \text{A}$$

电压 $\dot{U}_2$ 为

$$\dot{U}_2 = -Z_L \dot{I}_2 = 59.28\ \underline{/10.24°}\ \text{V}$$

11.2   磁耦合电感的去耦等效

在一定连接方式下,耦合电感能够去耦等效。图 11 - 7(a)所示为两个电感 L_1 和 L_2 的反向串联,设互感为 M,可写出

$$\dot{U}_1 = \mathrm{j}\omega L_1 \dot{I} - \mathrm{j}\omega M \dot{I}$$

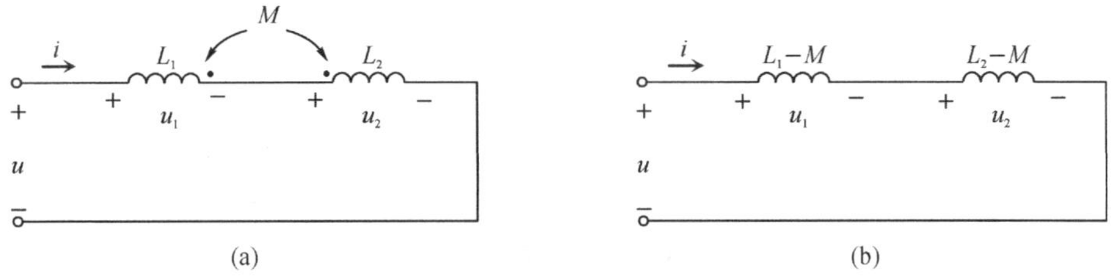

(a)   (b)

图 11 - 7   耦合电感的反向串联

$$\dot{U}_2 = j\omega L_2 \dot{I} - j\omega M \dot{I}$$

去耦等效电路如图 11-7(b)所示,(L_1-M) 和 (L_2-M) 均为自感,若其中之一为负值,则为负电感。等效电感 L' 为

$$L' = L_1 + L_2 - 2M \qquad (11-12)$$

同理,耦合电感同向串联时的去耦等效电路如图 11-8 所示,等效电感 L'' 为

$$L'' = L_1 + L_2 + 2M$$

同向串联时,互感的存在增大了等效电感,而反向串联时,互感的存在减小了等效电感,故 $L''>L'$。对同一耦合电感,若测量出 L'' 和 L',可计算出互感 M 的值

$$M = \frac{L'' - L'}{4}$$

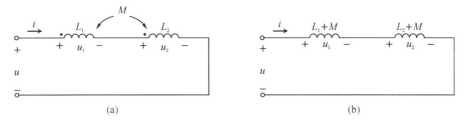

图 11-8 耦合电感的同向串联

图 11-9(a)所示为耦合电感组成的三端电路,一组同名端连接在端子 3 上,端子 1 和端子 2 相对于端子 3 的电压 $\dot{U}_{13}$ 和 $\dot{U}_{23}$ 分别为

$$\begin{cases} \dot{U}_{13} = j\omega L_1 \dot{I}_1 + j\omega M \dot{I}_2 \\ \dot{U}_{23} = j\omega M \dot{I}_1 + j\omega L_2 \dot{I}_2 \end{cases}$$

利用 $\dot{I} = \dot{I}_1 + \dot{I}_2$,上式可改写为

$$\begin{cases} \dot{U}_{13} = j\omega(L_1 - M)\dot{I}_1 + j\omega M \dot{I} \\ \dot{U}_{23} = j\omega(L_2 - M)\dot{I}_2 + j\omega M \dot{I} \end{cases}$$

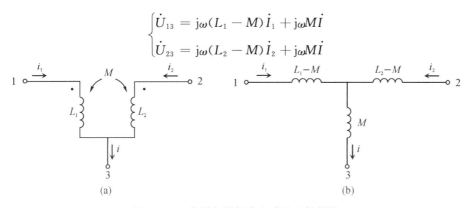

图 11-9 共同名端耦合电感的去耦等效

它可用由三个自感组成的星联电路表示,如图 11-9(b)所示,自感(L_1-M)和(L_2-M)之一有可能为负值,这时就为负电感。此外,这三个自感的连接点为新增结点,原电路中并不存在。

　　类似地,对图 11-10(a)所示三端电路,一组异名端连接在一起,可推导出它的去耦等效电路如图 11-10(b)所示,$-M$ 为负电感。

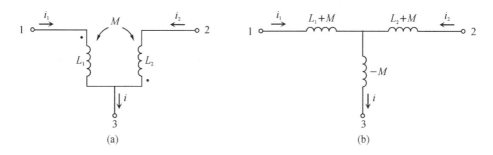

图 11-10　共异名端耦合电感的去耦等效

例 11-3　图 11-11 所示电路为耦合电感的同向并联,求 a-b 端的等效电感。

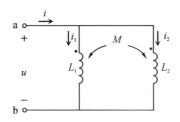

图 11-11　耦合电感的同向并联

　　解　画出该电路的去耦等效电路,如图 11-12 所示,故等效电感 L 为

$$L = M + \frac{(L_1-M)(L_2-M)}{(L_1-M)+(L_2-M)} = \frac{L_1L_2-M^2}{L_1+L_2-2M}$$

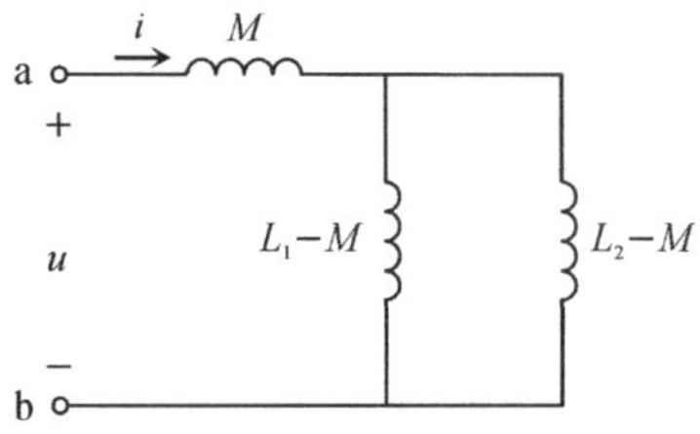

图 11-12　耦合电感并联的去耦等效

例 11 - 4　电路如图 11 - 13 所示,已知 $u_s(t)=5\sqrt{2}\cos(2t)$ V,求各支路电流。

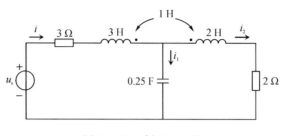

图 11 - 13　例 11 - 4 图

解　本例电路中的耦合电感可以去耦等效,如图 11 - 14 所示。i_1 支路的阻抗为

$$Z_1 = j2\times1 - j\frac{1}{2\times0.25} = 0 \ \Omega$$

即该支路等同于短路。于是

$$\dot{I}_2 = 0$$

3 Ω 电阻与 2 H 电感串联的阻抗为

$$Z = 3 + j2\times2 = 3 + j4 \ \Omega$$

故

$$\dot{I} = \dot{I}_1 = \frac{5\ \underline{/0°}\ \text{V}}{(3+j4)\ \Omega} = 1\ \underline{/-53.13°}\ \text{A}$$

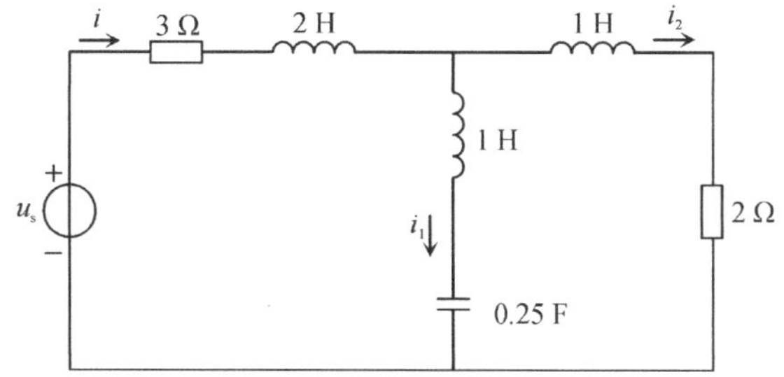

图 11 - 14　上图电路的去耦等效

11.3　理想变压器

　　铁芯变压器是一种常用的电气设备或电子部件,具有变压、变流、变阻抗及电气隔离的作用。铁芯变压器的基本构造如图 11 - 15 所示,磁路(磁场的通路)用矽钢片等铁磁材料制作,称为铁芯,在铁芯上绕制两个铜线绕组,接交流电源的称为

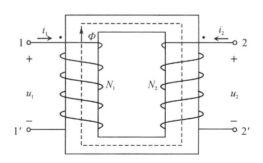

图 11-15　铁芯变压器

一次绕组,接负载的称为二次绕组。

　　假设铁芯变压器的铜线损耗和铁芯损耗都很小,可以忽略,此外,铁芯材料的磁导率非常大,两个绕组的磁场全耦合。图 11-15 所示变压器,一次绕组和二次绕组的匝数分别为 N_1 和 N_2,全耦合时,磁场全部集中在铁芯中,设铁芯中的交变磁通为 Φ,则在无损耗条件下,依据法拉第磁感应定律,两个绕组上的电压分别为

$$u_1 = N_1 \frac{\mathrm{d}\Phi}{\mathrm{d}t}$$

$$u_2 = N_2 \frac{\mathrm{d}\Phi}{\mathrm{d}t}$$

u_1 和 u_2 的参考极性如图 11-15 中所示。若令两个线圈的匝数比

$$n = \frac{N_1}{N_2}$$

则

$$u_1 = nu_2 \tag{11-13}$$

即一次绕组与二次绕组上的电压比等于 $n:1$,n 也称为变压器的变比。当 $n>1$ 时,变压器工作在降压方式;当 $0<n<1$ 时,变压器工作在升压方式。

　　铁芯中的磁通与产生它的磁动势有关,图 11-15 中二个绕组的电流都从同名端流进,磁动势为 $(N_1 i_1 + N_2 i_2)$,它愈大,磁通 Φ 愈大;此外,磁通与铁芯的磁导率有关,磁导率愈大,磁通愈大。综合考虑二者的影响,当铁芯磁导率非常大时,磁动势 $(N_1 i_1 + N_2 i_2)$ 就很小,理想情况下,趋近于零,即

$$(N_1 i_1 + N_2 i_2) \to 0$$

故有

$$ni_1 + i_2 = 0 \tag{11-14}$$

则端电压和端电流满足的关系式为

$$\begin{cases} u_1 = nu_2 \\ ni_1 + i_2 = 0 \end{cases} \tag{11-15}$$

上式为理想变压器的 VCR,用受控源表示如图 11 - 16 所示。理想变压器的图形符号如图 11 - 17 所示,它只有一个参数 n。

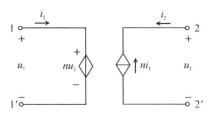

图 11 - 16　受控源表示的理想变压器

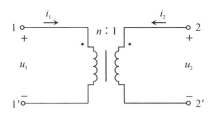

图 11 - 17　理想变压器

　　在书写理想变压器 VCR 时,要注意电压、电流的参考方向和同名端标记,对图 11 - 18,可得它的 VCR 为

$$\begin{cases} u_1 = -nu_2 \\ ni_1 + i_2 = 0 \end{cases}$$

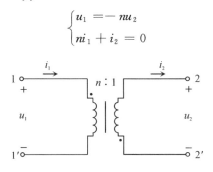

图 11 - 18　理想变压器

　　对图 11 - 17 所示理想变压器,可计算出

$$u_1 i_1 = (nu_2) \times \left(-\frac{1}{n} i_2\right) = -u_2 i_2$$

则一次侧获得的瞬时功率等于二次侧的输出功率,即在任一时刻,理想变压器既不

耗能也不储能。"瞬时功率为零"也可作为理想变压器的一个理想化条件,根据它也可导出端电流满足的关系式。实际变压器总要吸收功率,但相对较少。工程上利用高电压输送电能,例如低电压侧为(1000 V、1000 A),若用变压器把电压升高至 1000 kV,则高压侧电流为 1 A,显然,可以用比低压侧细得多的导线来输送电能,从而降低了输电线路的电阻损耗,所以高电压输电可以获得非常可观的经济效益。

式(11 - 15)的相量形式为

$$\begin{cases} \dot{U}_1 = n\dot{U}_2 \\ n\dot{I}_1 + \dot{I}_2 = 0 \end{cases} \tag{11-16}$$

若给理想变压器的二次侧接阻抗 Z_L,如图 11 - 19 所示,$Z_L = -\dot{U}_2/\dot{I}_2$,则从变压器一次侧看入的等效阻抗 Z 为

$$Z = \frac{\dot{U}_1}{\dot{I}_1} = \frac{n\dot{U}_2}{-\frac{1}{n}\dot{I}_2} = n^2 Z_L$$

表明理想变压器具有变换阻抗的功能,从一次侧看入的阻抗等于负载阻抗的 n^2 倍。

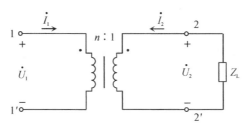

图 11 - 19　理想变压器的阻抗变换

例 11 - 5　电路如图 11 - 20 所示,已知 $R_1 = 1\ \Omega$,$R_2 = 100\ \Omega$,理想变压器的匝数比为 1:10。求 $\dot{U}_2/\dot{U}_s$。

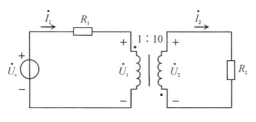

图 11 - 20　例 11 - 5 图

解　本题可以先用一次侧等效电路求出 $\dot{U}_1$，再按电压比求出 $\dot{U}_2$。负载在变压器一次侧的等效电阻 R 为

$$R = (0.1)^2 R_2 = 1\ \Omega$$

则

$$\dot{U}_1 = \frac{R}{R_1 + R}\dot{U}_s = \frac{1}{2}\dot{U}_s$$

$$\frac{\dot{U}_2}{\dot{U}_s} = \frac{-10\dot{U}_1}{\dot{U}_s} = -5$$

习题 11

11-1　试判断题 11-1 图所示磁耦合线圈的同名端。

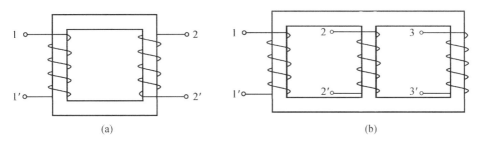

(a)　　　　　　　　　　　　　　　　(b)

题 11-1 图

11-2　两个具有磁耦合的线圈如题 11-2 图所示（黑盒子）。试根据图中开关 S 闭合时或闭合后再断开时，毫伏表的偏转方向确定同名端。

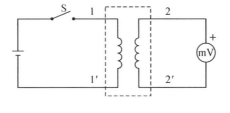

题 11-2 图

11-3　题 11-3 图所示两个线圈，设线圈 1 的自感 $L_1 = 6$ H，线圈 2 的自感 $L_2 = 3$ H，互感 $M = 4$ H，各线圈的电阻忽略不计，若 $i_1 = 2 + 5\cos(10t + 30°)$ A，$i_2 = 10\mathrm{e}^{-5t}$ A，试求电压 u_1 和 u_2。

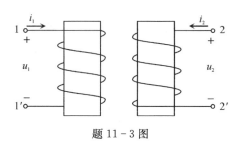

题 11-3 图

11-4　求题 11-4 图电路中的电压 $\dot{U}_2$。

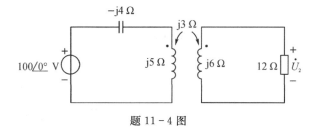

题 11-4 图

11-5　题 11-5 图两个电路中,设 $L_1=8\,\mathrm{H}$,$L_2=2\,\mathrm{H}$,$M=2\,\mathrm{H}$,试求 1-1' 端的等效电感。

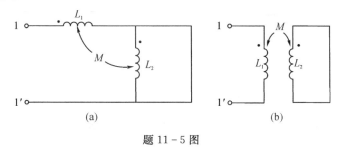

(a)　　　　　　　　　(b)

题 11-5 图

11-6　设 $\omega=1\,\mathrm{rad/s}$,求题 11-6 图各电路的等效阻抗 Z。

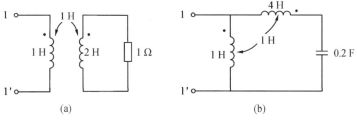

(a)　　　　　　　　　(b)

题 11-6 图

11-7　把两个线圈串联后接到 50 Hz、220 V 的正弦电源上,同向串联时得电流 $I=2.7$ A,吸收的功率为 218.7 W;反向串联时电流为 7 A。求互感 M。

11-8　电路如题 11-8 图所示,已知两个线圈的参数为:$R_1=R_2=100$ Ω,$L_1=3$ H,$L_2=10$ H,$M=5$ H,正弦电源的电压 $\dot{U}_s=100\underline{/0°}$ V,$\omega=100$ rad/s。试求线圈上的电压 $\dot{U}_1$ 和 $\dot{U}_2$。

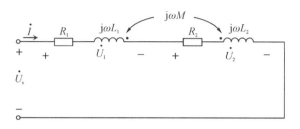

题 11-8 图

11-9　题 11-9 图电路中,已知 $R_1=R_2=1$ Ω,$\omega L_1=3$ Ω,$\omega L_2=2$ Ω,$\omega M=2$ Ω,$\dot{U}_s=100\underline{/0°}$ V。求开关 S 断开和闭合时的电流 $\dot{I}$。

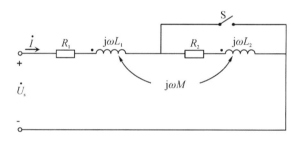

题 11-9 图

11-10　题 11-10 图电路中,$u_s=20\sqrt{2}\cos(10t)$ V,求各支路电流。

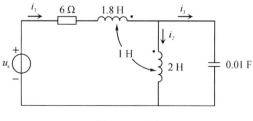

题 11-10 图

11-11　题 11-11 图所示电路,对称三相电源的频率 $f=50$ Hz,线电压 $\dot{U}_{ab}=$

$380 \underline{/30^\circ}$ V, $R=30$ Ω, $L=0.29$ H, $M=0.12$ H。求线电流和三相电源发出的总功率。

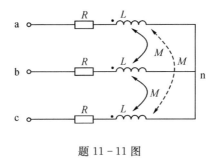

题 11-11 图

11-12 题 11-12 图电路中,$u_s = 9\sqrt{2}\cos(5t)$ V,理想变压器变比 n 为何值时 8 Ω电阻可获得最大平均功率,并求此功率。

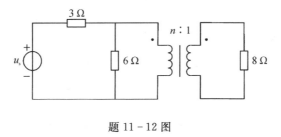

题 11-12 图

11-13 已知题 11-13 图电路中电源电压和电流的有效值分别为 10 V 和 10 A,求阻抗 Z。

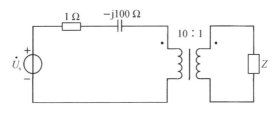

题 11-13 图

11-14 具有两个二次绕组的理想变压器,一个二次绕组上带电阻负载,电压和电流为:$U_1 = 12$ V,$I_1 = 1$ A;另一个二次侧绕组上带感性负载,其中:$U_2 = 40$ V,$I_2 = 0.5$ A,$\cos\varphi_2 = 0.5$。设一次绕组连接在 220 V 的正弦电源上,求一次绕组电流的有效值。

第 12 章　电路的频率响应

　　电感元件的阻抗与 jω 成正比,电容元件的阻抗与 jω 成反比,因此,电路对输入的"放大"能力是 jω 的函数,这种函数关系称为电路的频率响应。对信号放大电路,频率响应决定了哪些频率的输入信号能够被放大,而在滤波电路中,频率响应表征了电路能够滤除哪些频率的输入。可以说,一个电路的频率响应完全反映了它的特性。本章重点介绍一阶电路和二阶电路的频率响应,在此基础上,简要介绍有源滤波电路和晶体管放大电路的频率响应。

12.1　一阶电路的频率响应

　　对只有一个输入的线性电路,设输入和输出均为电压(也可以是电流),其相量分别为 $\dot{U}_{in}$ 和 $\dot{U}_o$,依据线性电路的齐次性,输出相量一定正比于输入相量,其复系数是 jω 的函数,设用 $H(j\omega)$ 表示,则

$$\dot{U}_o = H(j\omega)\dot{U}_{in}$$

其中 $H(j\omega)$ 称为电路的频响函数,设

$$H(j\omega) = |H(j\omega)| \angle \underline{\varphi(\omega)}$$

则

$$|H(j\omega)| = \frac{U_o}{U_{in}}$$

$$\varphi(\omega) = \arg(\dot{U}_o) - \arg(\dot{U}_{in})$$

$|H(j\omega)|$ 随频率的变化曲线称为电路的幅频响应,它反映了在各频率处电路对输入的放大程度;$\varphi(\omega)$ 随频率的变化曲线称为电路的相频响应,它反映了输出与输入的相位差随频率的变化关系。

　　以图 12 - 1 所示 RC 串联电路为例,设输入为正弦波,输出为电容上电压 $\dot{U}_C$,则

$$\dot{U}_C = \frac{\dfrac{1}{R}}{\dfrac{1}{R} + j\omega C}\dot{U}_{in} = \frac{1}{1 + j\omega RC}\dot{U}_{in}$$

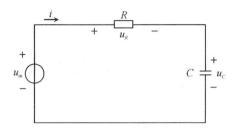

图 12-1　RC 串联电路

令 $\omega_p = 1/(RC)$，它是该电路时间常数 $\tau = RC$ 的倒数。上式变换为

$$\frac{\dot{U}_C}{\dot{U}_{in}} = \frac{1}{1 + \dfrac{j\omega}{\omega_p}} \tag{12-1}$$

用 $H(j\omega)$ 表示等号右端，则

$$|H(j\omega)| = \frac{1}{\sqrt{1 + (\omega/\omega_p)^2}}$$

$$\varphi(\omega) = -\arg[1 + j(\omega/\omega_p)]$$

由式(12-1)可计算出

$$H(j0) = 1\underline{/0°}$$

$$H(j\omega_p) = \frac{\sqrt{2}}{2}\underline{/-45°}$$

$$H(j\omega)|_{\omega \to \infty} \approx 0\underline{/-90°}$$

若再计算一些频率处的值，可绘出 $|H(j\omega)|$ 曲线，如图 12-2 所示，其中横坐标用角频率的相对值 ω/ω_p 表示。

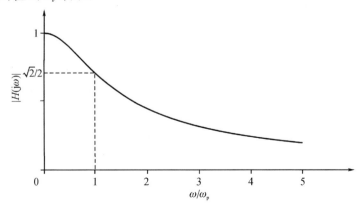

图 12-2　电容上电压的幅频响应

在电子通信中,信号的频率范围很宽,可到几十 GHz,幅度值的变化范围也很宽,为了在很宽的频率范围清楚地反映幅度值的变化,频率坐标和幅度坐标均可采用对数刻度,这时,幅频响应如图 12-3 所示。

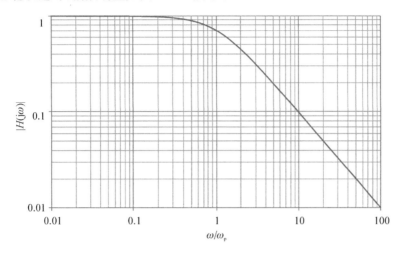

图 12-3 电容上电压的对数幅频响应

工程中,纵坐标常取 $20\lg|H(\mathrm{j}\omega)|$,即幅度的常用对数值再乘以 20,称为幅度的分贝值,用 dB(decibel)表示,其对应关系如表 12-1 所示。

表 12-1 幅度与分贝值对应关系

幅度	10^{-4}	10^{-3}	10^{-2}	10^{-1}	$\dfrac{\sqrt{2}}{2}$	1	10^{1}	10^{2}	10^{3}	10^{4}	10^{5}
dB 值	-80	-60	-40	-20	-3.01	0	20	40	60	80	100

从表 12-1 中易得

$$\mathrm{dB}(|H(\mathrm{j}0)|)=0,\mathrm{dB}(|H(\mathrm{j}\omega_{\mathrm p})|)\approx-3,\mathrm{dB}(|H(\mathrm{j}100\omega_{\mathrm p})|)\approx-40$$

幅频响应如图 12-4 中实线所示,纵坐标幅度取 dB 值。

当 $\omega\ll\omega_{\mathrm p}(\omega<0.1\omega_{\mathrm p})$ 时,式(12-1)中分母近似为 1,故在该频率范围 $H(\mathrm{j}\omega)\approx1$,即幅度为 0 dB,幅频响应近似为水平直线。若从电路看,$1/(\omega C)\gg R$,则电容上电压近似等于电源电压,故 $H(\mathrm{j}\omega)\approx1$,即 0 dB。

当 $\omega\gg\omega_{\mathrm p}(\omega>10\omega_{\mathrm p})$ 时,式(12-1)中分母近似为 $\mathrm{j}\omega/\omega_{\mathrm p}$,$H(\mathrm{j}\omega)\approx\omega_{\mathrm p}/(\mathrm{j}\omega)$,它与频率成反比,分贝值的幅频响应近似为向下斜线,频率每增加 10 倍,幅度减小 20 dB,表示为 -20 dB/dec,如图 12-4 中所示。由此可见,式(12-1)的幅频响应可近似用两段渐近线表示,如图 12-4 中虚线所示。在渐近线拐点处,$\mathrm{dB}(|H(\mathrm{j}\omega_{\mathrm p})|)\approx-3$ dB,根据该值修正渐近线拐点附近的特性,如图中所示。

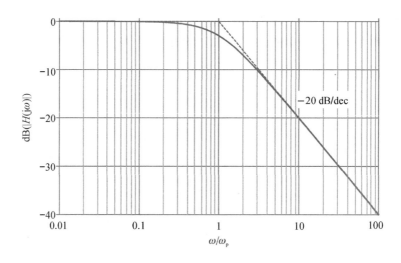

图 12-4　电容上电压 dB 值的幅频响应

$|H(j\omega)|$ 的最大值出现在 $\omega=0$ 处，在 $\omega<\omega_p$ 内幅度变化不大；随频率增加，幅度减小，频率非常高时很小。总体看，该电路允许低频信号通过、抑制高频信号，是低通电路。幅度相对比较大的频率范围称为通带，工程中定义该电路的通带是零至 ω_p 的频率范围，ω_p 称为通带（上限）角频率，或截止角频率。由于 $dB(|H(j\omega_p)|)$ 较 $dB(|H(j\omega)|)$ 的最大值减小 3 dB，工程中也把 ω_p 称为 -3 dB 角频率，又由于 $|H(j\omega_p)|^2=|H(0)|^2/2$，故把 ω_p 也称为半功率角频率。

频率坐标采用对数刻度时，电容上电压的相频响应如图 12-5 中实线所示，它可用三段渐近线近似，当 $\omega<0.1\omega_p$ 时 $\varphi\approx0°$，当 $\omega>10\omega_p$ 时 $\varphi\approx-90°$，当 $0.1\omega_p<\omega<10\omega_p$ 时渐近线为连接点（$0.1\omega_p,0°$）与（$10\omega_p,-90°$）的直线。

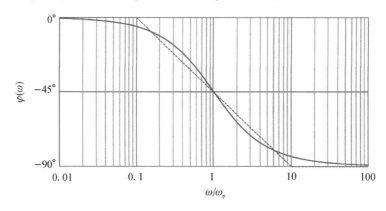

图 12-5　电容上电压的相频响应

若图 12-1 所示 RC 串联电路的输出为电阻上电压 $\dot{U}_R$,如图 12-6 所示,有

$$\frac{\dot{U}_R}{\dot{U}_{in}} = \frac{j\omega C}{\dfrac{1}{R} + j\omega C} = \frac{\dfrac{j\omega}{\omega_p}}{1 + \dfrac{j\omega}{\omega_p}} \qquad (12-2)$$

上式分母与式(12-1)中的相同。等号右端仍然用 $H(j\omega)$ 表示,可计算出:

$$|H(j0)| = 0, \quad |H(j\omega_p)| = \frac{\sqrt{2}}{2}, \quad |H(j\infty)| \approx 1$$

幅频响应如图 12-7 所示。当 $\omega \gg \omega_p$ 时,$R \gg 1/(\omega C)$,则电阻上电压近似等于输入电压,$H(j\omega) \approx 1$,故在该频率范围,幅频响应近似为水平直线。当 $\omega \ll \omega_p$ 时,$H(j\omega)$ $\approx j\omega/\omega_p$,幅度近似与频率成正比,幅频响应为向上斜线,斜率为 $+20$ dB/dec。图 12-7 表明:输出为电阻上电压时,$\omega \ll \omega_p$ 时幅度较小,随频率增加,幅度增大,该电路能够使 $\omega > \omega_p$ 的输入信号通过,抑制低频,是高通电路,工程中定义通带(下限)角频率为 ω_p。

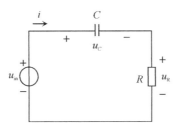

图12-6　输出为电阻上电压的 RC 串联电路

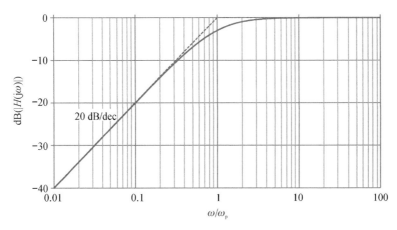

图 12-7　电阻上电压的幅频响应

式(12-2)的辐角

$$\varphi(\omega) = 90° - \arg\left(1 + \frac{\mathrm{j}\omega}{\omega_\mathrm{p}}\right) \tag{12-3}$$

相频响应如图 12-8 所示。

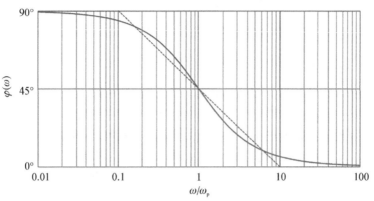

图 12-8　电阻电压的相频响应

类似地,对图 12-9 所示 RL 串联电路,电阻和电感上的电压分别为

$$\dot{U}_R = \frac{R}{R + \mathrm{j}\omega L}\dot{U}_{\mathrm{in}}$$

$$\dot{U}_L = \frac{\mathrm{j}\omega L}{R + \mathrm{j}\omega L}\dot{U}_{\mathrm{in}}$$

令 $\omega_\mathrm{p} = R/L$,则

$$\frac{\dot{U}_R}{\dot{U}_{\mathrm{in}}} = \frac{1}{1 + \dfrac{\mathrm{j}\omega}{\omega_\mathrm{p}}} \tag{12-4}$$

$$\frac{\dot{U}_L}{\dot{U}_{\mathrm{in}}} = \frac{\dfrac{\mathrm{j}\omega}{\omega_\mathrm{p}}}{1 + \dfrac{\mathrm{j}\omega}{\omega_\mathrm{p}}} \tag{12-5}$$

可见,当输出为电阻上电压时,幅频响应是低通的,如图 12-4 中所示;当输出为电感上电压时,幅频响应是高通的,如图 12-7 中所示。

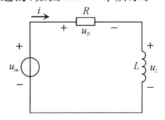

图 12-9　RL 串联电路

例 12 - 1　电路如图 12 - 10 所示,设两个电阻值相等,二个电容值也相等,u_{in} 为输入,u_o 为输出,试绘制 $H(j\omega) = \dot{U}_o / \dot{U}_{in}$ 的幅频曲线和相频曲线。

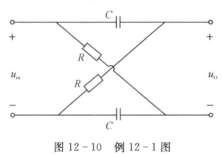

图 12 - 10　例 12 - 1 图

解

$$\dot{U}_o = \frac{R}{R + \dfrac{1}{j\omega C}} \dot{U}_{in} - \frac{\dfrac{1}{j\omega C}}{R + \dfrac{1}{j\omega C}} \dot{U}_{in}$$

幅频响应函数为

$$H(j\omega) = \frac{\dot{U}_o}{\dot{U}_{in}} = \frac{-1 + j\omega RC}{1 + j\omega RC}$$

其幅度和相位分别为

$$\begin{cases} |H(j\omega)| = 1 \\ \varphi(\omega) = 180° - 2\arctan(\omega RC) \end{cases} \tag{12 - 6}$$

式(12 - 6)表明,幅频响应为恒定值 1,即对任何频率,电路的增益相同,具有这种频率响应的称为全通电路。相频响应随频率变化,可计算出

$$\varphi(0) = 180°, \quad \varphi\left(\frac{1}{RC}\right) = 90°, \quad \varphi(\infty) = 0°$$

频率响应如图 12 - 11 所示。

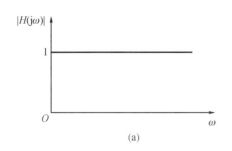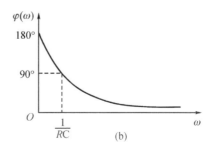

图 12 - 11　全通函数的频率响应

例 12 - 2　音频信号的频率范围为 20 Hz～20 kHz,一种音响低音控制电路如图 12 - 12 所示。设 $H(\mathrm{j}\omega) = \dot{U}_\mathrm{o}/\dot{U}_\mathrm{in}$,求:

(1) $H(\mathrm{j}\infty)$、$H(\mathrm{j}0)$、$H(\mathrm{j}\omega)\big|_{k=0.5}$;

(2) $H(\mathrm{j}\omega)$;

(3) 若 $R_2 = 9R_1$, $R_2C = 0.01\,\mathrm{s}$,试绘制 $k=0$ 和 $k=1$ 时的幅频响应曲线。

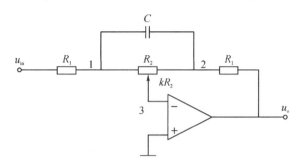

图 12 - 12　低音控制电路

解　(1) 当 $\omega \to \infty$ 时,电容等同于短路,这时结点 1、2、3 的电压相等,有

$$H(\mathrm{j}\infty) = -1$$

由于电路的幅度为 1,即高频信号的增益基本保持不变。

在 $\omega = 0$ 处,电容等同于开路,运算放大器反馈电阻为 $R_1 + kR_2$,前馈电阻为 $R_1 + (1-k)R_2$,故

$$H(\mathrm{j}0) = -\frac{R_1 + kR_2}{R_1 + (1-k)R_2}$$

可见,当 $k < 0.5$ 时,上式中的分子小于分母,输出信号小于输入信号;而当 $k > 0.5$ 时,输出信号大于输入信号。

当 $k = 0.5$ 时,电位器位于中心位置,如果把电容 C 视为 2 个 $2C$ 电容的串联,则反馈支路的阻抗与前馈支路的阻抗相等,故对任何频率,有

$$H(\mathrm{j}\omega)\big|_{k=0.5} = -1$$

(2) 电路的结点方程如下:

$$\text{结点 }1: \frac{1}{R_1}(\dot{U}_1 - \dot{U}_\mathrm{in}) + \mathrm{j}\omega C(\dot{U}_1 - \dot{U}_2) + \frac{1}{(1-k)R_2}\dot{U}_1 = 0$$

$$\text{结点 }2: \frac{1}{R_1}(\dot{U}_2 - \dot{U}_\mathrm{o}) + \mathrm{j}\omega C(\dot{U}_2 - \dot{U}_1) + \frac{1}{kR_2}\dot{U}_2 = 0$$

$$\text{结点 }3: \frac{1}{(1-k)R_2}\dot{U}_1 + \frac{1}{kR_2}\dot{U}_2 = 0$$

整理后,有

$$\begin{cases} \left[\dfrac{1}{R_1}+\dfrac{1}{(1-k)R_2}+\mathrm{j}\omega C\right]\dot{U}_1-\mathrm{j}\omega C\dot{U}_2=\dfrac{1}{R_1}\dot{U}_{\mathrm{in}} \\[3mm] -\mathrm{j}\omega C\dot{U}_1+(\dfrac{1}{R_1}+\dfrac{1}{kR_2}+\mathrm{j}\omega C)\dot{U}_2-\dfrac{1}{R_1}\dot{U}_{\mathrm{o}}=0 \\[3mm] \dfrac{1}{1-k}\dot{U}_1+\dfrac{1}{k}\dot{U}_2=0 \end{cases}$$

求得

$$\frac{\dot{U}_{\mathrm{o}}}{\dot{U}_{\mathrm{in}}}=-\frac{(R_1+kR_2)+\mathrm{j}\omega R_1R_2C}{[R_1+(1-k)R_2]+\mathrm{j}\omega R_1R_2C} \tag{12-7}$$

可以验证：

$$H(\mathrm{j}\omega)\big|_{k}\cdot H(\mathrm{j}\omega)\big|_{1-k}=1$$

则对低音信号放大还是衰减取决于 k 的值，当 $k<0.5$ 时，衰减；当 $k>0.5$ 时，放大。

（3）把已知条件代入式(12-7)，得

$$H(\mathrm{j}\omega)=-\frac{100(1+9k)+\mathrm{j}\omega}{100+900(1-k)+\mathrm{j}\omega}$$

$$H(\mathrm{j}\omega)\big|_{k=0}=-\frac{100+\mathrm{j}\omega}{1000+\mathrm{j}\omega} \tag{12-8}$$

$$H(\mathrm{j}\omega)\big|_{k=1}=-\frac{1000+\mathrm{j}\omega}{100+\mathrm{j}\omega} \tag{12-9}$$

从式(12-9)可得

$$|H(\mathrm{j}\omega)|=\begin{cases} 10 & (\omega\ll 10^2) \\[2mm] 1 & (\omega\gg 10^3) \\[2mm] \dfrac{10}{\sqrt{2}} & (\omega=10^2) \\[2mm] \sqrt{2} & (\omega=10^3) \end{cases}$$

若横坐标取频率 f，幅度取其分贝值，$k=1$ 和 $k=0$ 时的幅频响应如图 12-13 所示。

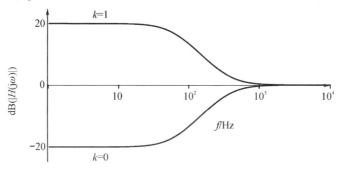

图 12-13　例 12-2 的幅频响应

12.2　二阶电路的频率响应

首先讨论图 12-14 所示 RLC 串联电路的频率响应。当输出是电阻上的电压时,由分压公式

$$\dot{U}_R = \frac{R}{R + j\omega L + \dfrac{1}{j\omega C}}\dot{U}_{in}$$

即

$$\frac{\dot{U}_R}{\dot{U}_{in}} = \frac{j\omega RC}{1 + j\omega RC + (j\omega)^2 LC} \tag{12-10}$$

可见,其分母是 $j\omega$ 的二次多项式,分子只有 $j\omega$ 的一次项。若以谐振角频率 ω_0 和品质因数 Q 为参数表示二阶频响函数的分母多项式,有

$$LC = \frac{1}{\omega_0^2}$$

$$RC = \frac{\omega_0 RC}{\omega_0} = \frac{1}{\omega_0 Q}$$

则式(12-10)可表示为

$$H(j\omega) = \frac{\dot{U}_R}{\dot{U}_{in}} = \frac{\dfrac{j\omega}{\omega_0 Q}}{1 + \dfrac{j\omega}{\omega_0 Q} + \dfrac{(j\omega)^2}{\omega_0^2}} \tag{12-11}$$

ω_0 也称为电路的无阻尼固有角频率。

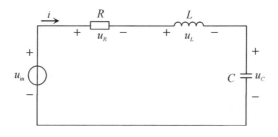

图 12-14　RLC 串联电路

在 $\omega = \omega_0$ 处

$$H(j\omega_0) = 1$$

在该频率处,幅度相对于其他频率处的最大。

当 $\omega \ll \omega_0$ 时(设 $Q > 0.5$),$H(j\omega)$ 的分母近似为 1,故

$$H(\mathrm{j}\omega)\big|_{\omega\ll\omega_0} \approx \frac{\mathrm{j}\omega}{\omega_0 Q} \tag{12-12}$$

其幅度与 ω 成正比,幅频响应为向上斜线,斜率 20 dB/dec。

当 $\omega\gg\omega_0$ 时,$H(\mathrm{j}\omega)$ 分母近似为 $(\mathrm{j}\omega)^2/\omega_0^2$,故

$$H(\mathrm{j}\omega)\big|_{\omega\gg\omega_0} \approx \frac{\omega_0}{\mathrm{j}\omega Q} \tag{12-13}$$

其幅度与 ω 成反比,幅频响应为向下斜线,斜率为 -20 dB/dec。

根据式(12-12)和式(12-13)可计算出

$$20\lg|H(\mathrm{j}0.01\omega_0)| \approx 20\lg\left(\frac{0.01}{5}\right) = -54 \text{ dB}$$

$$20\lg|H(\mathrm{j}100\omega_0)| \approx 20\lg\left(\frac{1}{500}\right) = -54 \text{ dB}$$

品质因数 $Q=5$ 和 $Q=\frac{\sqrt{2}}{2}$ 时的幅频响应如图 12-15 所示。

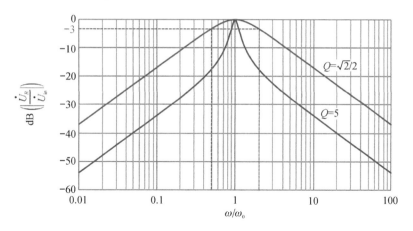

图 12-15　电阻上电压的幅频响应

输出是电阻上电压时,由于 $H(\mathrm{j}\omega)$ 在频率为零时和频率为无限大时都为零,幅度的最大值出现在 $\omega=\omega_0$ 处,因而称它为带通电路。工程中定义 -3 dB 频率为通带的下限角频率 ω_L 和上限角频率 ω_H,$Q=\frac{\sqrt{2}}{2}$ 时如图 12-15 中所示。通带频率范围为 (ω_L,ω_H),带宽 $\omega_{BW}=\omega_H-\omega_L$,经一定推导后可得

$$\omega_{BW} = \frac{\omega_0}{Q} \tag{12-14}$$

可见,Q 值越大,则通带宽度越窄,频率的选择性就越好。工程中,有用信号不是单频正弦信号,而是分布在某一频率范围的正弦信号的和,故通带宽度并非越窄

越好。

　　当输出是电容上的电压 $\dot{U}_C$ 时,可求得

$$\dot{U}_C = \frac{\dfrac{1}{\mathrm{j}\omega C}}{R + \mathrm{j}\omega L + \dfrac{1}{\mathrm{j}\omega C}}\dot{U}_{\text{in}} = \frac{1}{1 + \mathrm{j}\omega RC + (\mathrm{j}\omega)^2 LC}\dot{U}_{\text{in}}$$

则

$$\frac{\dot{U}_C}{\dot{U}_{\text{in}}} = \frac{1}{1 + \dfrac{\mathrm{j}\omega}{\omega_0 Q} + \dfrac{(\mathrm{j}\omega)^2}{\omega_0^2}} \qquad (12-15)$$

上式分子只有常数项,谐振频率处的幅频响应函数值为

$$H(\mathrm{j}\omega_0) = -\mathrm{j}Q$$

该结果在讨论谐振问题时已给出。当 $\omega \ll \omega_0$ 时,$H(\mathrm{j}\omega)$ 分母近似为 1,故

$$H(\mathrm{j}\omega)\big|_{\omega \ll \omega_0} \approx 1$$

则其对数幅频响应在该频率范围近似为水平直线。

　　当 $\omega \gg \omega_0$ 时,$H(\mathrm{j}\omega)$ 分母近似为 $(\mathrm{j}\omega)^2/\omega_0^2$,故

$$H(\mathrm{j}\omega)\big|_{\omega \gg \omega_0} = -\frac{\omega_0^2}{\omega^2}$$

可见,在该频率范围,幅度与 ω^2 成反比,对数幅频响应近似为向下斜线,斜率为 $-40\ \mathrm{dB/dec}$,即频率每增大 10 倍,幅度减小 40 dB。

　　根据以上分析,$Q = \dfrac{\sqrt{2}}{2}$ 和 $Q = 5$ 时电容上电压的幅频响应如图 12-16 所示,它为低通,在通带频率以外,它较一阶低通特性幅度衰减更快,滤除无用信号的能力更强。经分析,当 $Q > \dfrac{\sqrt{2}}{2}$ 时幅度存在极大值,出现在略低于 ω_0 的频率处,当 Q 值较

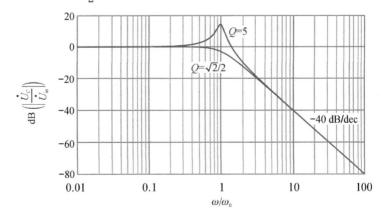

图 12-16　电容上电压的幅频响应

大时$(Q>5)$,极大值近似出现在无阻尼固有频率处。

当输出是电感上电压时,可得

$$\frac{\dot{U}_L}{\dot{U}_{in}} = \frac{\dfrac{(j\omega)^2}{\omega_0^2}}{1 + \dfrac{j\omega}{\omega_0 Q} + \dfrac{(j\omega)^2}{\omega_0^2}} \qquad (12-16)$$

其分子只有$(j\omega)^2$项。用$H(j\omega)$表示上式右端,可得

$$H(j\omega_0) = jQ$$

$$H(j\omega)\big|_{\omega \ll \omega_0} \approx \frac{-\omega^2}{\omega_0^2}$$

$$H(j\omega)\big|_{\omega \gg \omega_0} \approx 1$$

$Q=\dfrac{\sqrt{2}}{2}$和$Q=5$时电感电压的幅频响应如图 12-17 所示,在$\omega \ll \omega_0$的频率范围,幅度按 $+40$ dB/dec 变化。经分析,当$Q>\dfrac{\sqrt{2}}{2}$时,幅度存在极大值,出现在略高于ω_0的频率处;当Q值较大时,极大值近似出现在ω_0处。

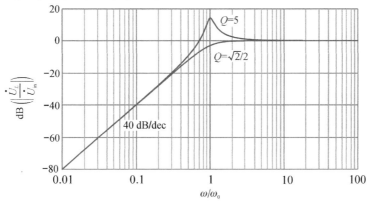

图 12-17　电感上电压的幅频响应

例 12-3　图 12-18 所示电路,设$R_1=R_2=R$,$C_2=100C_1$,运算放大器是理想的,试定性绘制$\dot{U}_o/\dot{U}_{in}$的幅频响应。

解　本例中,R_1和C_1实现的$\dot{U}_1/\dot{U}_{in}$是一阶低通函数,R_2和C_2实现的$\dot{U}_o/\dot{U}_2$是一阶高通函数,分别为

$$\frac{\dot{U}_1}{\dot{U}_{in}} = \frac{1}{1 + j\omega R_1 C_1}$$

$$\frac{\dot{U}_o}{\dot{U}_2} = \frac{j\omega R_2 C_2}{1 + j\omega R_2 C_2}$$

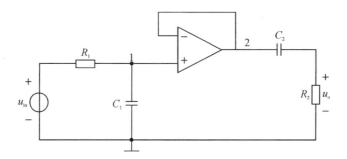

图 12 - 18　例 12 - 3 电路

运算放大器的输出电压直接反馈至反相输入端,故 $\dot{U}_2 = \dot{U}_1$,则

$$\frac{\dot{U}_o}{\dot{U}_{in}} = \frac{j\omega RC_2}{(1+j\omega RC_2)(1+j\omega RC_1)}$$

令 $\omega_1 = \dfrac{1}{RC_1}, \omega_2 = \dfrac{1}{RC_2}$,有

$$\frac{\dot{U}_o}{\dot{U}_{in}} = \frac{\dfrac{j\omega}{\omega_2}}{(1+\dfrac{j\omega}{\omega_2})(1+\dfrac{j\omega}{\omega_1})} \tag{12-17}$$

该幅频响应函数是二阶的,分母为 2 个因式相乘,由已知数据,$\omega_1 = 100\omega_2$,分三个频率段对上式近似,$\omega < \omega_2$ 时,$(1+j\omega/\omega_1) \approx 1$,幅频响应函数可近似为一阶高通函数:

$$\frac{\dot{U}_o}{\dot{U}_{in}}\bigg|_{\omega<\omega_2} \approx \frac{\dfrac{j\omega}{\omega_2}}{1+\dfrac{j\omega}{\omega_2}}$$

它等同于电容 C_1 开路时的解。$\omega > \omega_1$ 时,$(1+j\omega/\omega_2) \approx j\omega/\omega_2$,幅频响应函数近似为一阶低通函数:

$$\frac{\dot{U}_o}{\dot{U}_{in}}\bigg|_{\omega>\omega_1} \approx \frac{1}{1+\dfrac{j\omega}{\omega_1}}$$

它等同于电容 C_2 短路时的解。在 $\omega = \sqrt{\omega_1\omega_2}$ 处,可计算出

$$\frac{\dot{U}_o}{\dot{U}_{in}}\bigg|_{\omega=\sqrt{\omega_1\omega_2}} = \frac{\omega_1}{\omega_2+\omega_1}$$

由于 $\omega_2 \ll \omega_1$,上式近似为 1。在 $\omega_2 < \omega < \omega_1$ 内,$H(j\omega)$ 近似为把电容 C_1 开路、电容

C_2 短路时的解。根据以上分析,电路的幅频响应如图 12-19 所示。下限频率近似为 ω_2,上限频率近似为 ω_1。

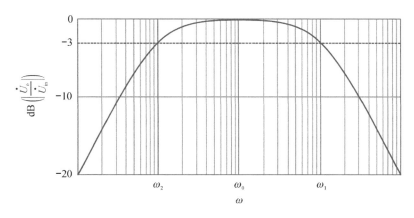

图 12-19 例 12-3 电路的幅频响应

12.3 晶体管放大电路的频率响应

工作在放大区的 NPN 型晶体管,集电极电流 I_C 和基极电流 I_B 分别为

$$I_C = I_S e^{\frac{U_{BE}}{U_T}} \tag{12-18}$$

$$I_B = \frac{1}{\beta} I_C = \frac{1}{\beta} I_S e^{\frac{U_{BE}}{U_T}} \tag{12-19}$$

式中,β 为低频时晶体管共发射极电流放大系数;U_{BE} 表示发射结电压。从以上两式可求出小信号量间的关系式为

$$i_c = g_m u_{be} \tag{12-20}$$

$$i_b = \frac{u_{be}}{r_\pi} \tag{12-21}$$

其中:

$$g_m = \frac{\partial I_C}{\partial U_{BE}} = \frac{I_C}{U_T} \tag{12-22}$$

$$r_\pi = \left(\frac{\partial I_B}{\partial U_{BE}} \right)^{-1} = \left(\frac{1}{\beta} \frac{\partial I_C}{\partial U_{BE}} \right)^{-1} = \frac{\beta}{g_m} \tag{12-23}$$

g_m 称为晶体管的跨导,等于工作点处集电极电流 I_C 除以热电压 U_T;电阻 r_π 是基极与发射极间的入端电阻。依据式(12-22)和式(12-23),晶体管的小信号电路模型如图 12-20 所示,其中集电极电流用 VCCS 表示,它与第 5 章中 CCCS 表示的模型等效。

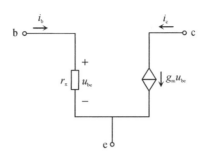

图 12-20　晶体管的中低频小信号模型

　　由 PN 结导电机理,PN 结存在一定的电容效应,故而晶体管内部发射结和集电结均存在一定的电容,当工作频率比较低时,它们对电路性能的影响可忽略不计,但当工作频率比较高时,这些电容的电纳变大,对电路性能的影响变大。当计及晶体管的内部电容时,集电极电流不再受基极电流控制,而是受发射结上电压控制。设发射结电容为 C_π,集电结电容为 C_μ,高频时晶体管的小信号模型如图 12-21 所示,常称为晶体管的混合 π 模型。发射结正向偏置,其电容 C_π 由扩散电容和势垒电容组成,一般几十皮法,集电结反向偏置,其电容 C_μ 只有势垒电容,一般只有几个皮法。

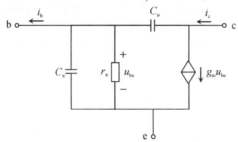

图 12-21　晶体管的高频小信号模型

　　在发射结电压一定时,随着集电极与发射极间电压 U_{CE} 的增加,集电极电流略有增加,这一现象称为厄利(Early)效应。当 U_{CE} 增加时,集电结的反偏电压随之增加,空间电荷区加宽,故而基区的有效宽度变窄,导致注入基区电子的复合机会减少,更多的电子流向集电结,从而集电极电流增加。计及厄利效应的集电极电流为

$$I_C = I_S e^{\frac{U_{BE}}{U_T}} \left(1 + \frac{U_{CE}}{U_A}\right) \qquad (12-24)$$

其中 U_A 称为厄利电压,一般在几十到几百伏之间。在小信号模型中,厄利效应可用连接在集电极和发射极间的电阻 r_o 表示,称为晶体管的输出电阻。由式(12-24)有

$$r_o = \left(\frac{\partial I_C}{\partial U_{CE}}\right)^{-1} = \frac{U_A + U_{CE}}{I_C} \approx \frac{U_A}{I_C} \qquad (12-25)$$

r_o 的值一般比较大,可达兆欧量级。

晶体管的基区相对另两个区最窄,存在几十至几百欧姆的体电阻 r_b,高频时它对晶体管性能的影响有时不可忽略,计入 r_b 和 r_o 影响的电路模型如图 12－22 所示。在此基础上,还可计入其他一些寄生参数,如发射区体电阻、集电区体电阻、集电结的反向偏置电阻、晶体管三个电极之间的寄生电容。

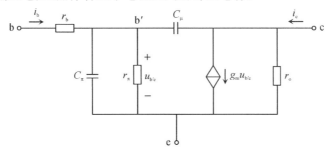

图 12－22　晶体管小信号模型

根据图 12－21 所示模型,在 $\dot{U}_{ce}=0$ 条件下,有

$$\dot{I}_c = (g_m - j\omega C_\mu)\dot{U}_{be}$$

$$\dot{I}_b = \left[\frac{1}{r_\pi} + j\omega(C_\pi + C_\mu)\right]\dot{U}_{be}$$

则晶体管共发射极电流增益 β_{ac} 为

$$\beta_{ac} = \frac{g_m - j\omega C_\mu}{\frac{1}{r_\pi} + j\omega(C_\pi + C_\mu)}$$

在 $\omega C_\mu \ll g_m$ 频率范围内,上式近似为

$$\beta_{ac} = \frac{g_m r_\pi}{1 + j\omega r_\pi(C_\pi + C_\mu)}$$

可见,在频率比较低时 $\beta_{ac}=g_m r_\pi=\beta$,随频率增加,$|\beta_{ac}|$ 减小,$|\beta_{ac}|=1$ 时的频率为

$$f_T \approx \frac{g_m}{2\pi(C_\pi + C_\mu)} \tag{12-26}$$

f_T 称为晶体管的特征频率(transition frequency),它是描述晶体管高频特性的一个重要技术参数,且它的大小与晶体管工作点处的集电极电流有关,要提高放大电路的工作频率,就要提高集电极电流,这导致晶体管的功耗增加。在晶体管技术参数中,集电结电容 C_μ 是给定的,利用上式可计算出发射结电容 C_π。

考虑晶体管放大电路中电容的影响时,其电压增益 A 与频率有关,幅频响应大致如图 12－23 所示,f_L 称为下限频率,f_H 称为上限频率。(1)对输入信号有效放大的频率范围为 (f_L, f_H)。在该频段(中频段),由于耦合电容和旁路电容的电纳较大,近似于短路,而晶体管内部电容的电纳较小,近似于开路,故中频段的小信号电路是电阻性的,A 近似为恒定值,设为 A_m。(2)当频率低于 f_L 时,随频率降低,耦合电容和旁路电容的电纳减小,信号在其上产生的电压变大,故电路的电压增益呈下降趋势。(3)当频率高于 f_H 时,随频率增加,晶体管内部结电容的电纳变大,晶体管电流增益随之下降,故而总电路的电压增益减小。

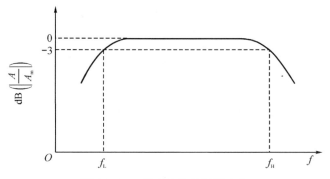

图 12-23　放大电路的幅频响应

　　对阻容耦合晶体管放大电路,若一次性考虑上耦合电容和晶体管的内部电容,小信号等效电路频响函数的求解将十分繁琐。下面以图 12-24 所示共发射极放大电路为例,介绍上、下限频率的估算。

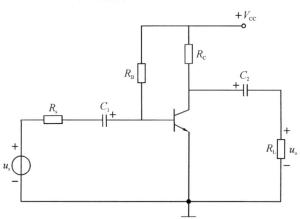

图 12-24　共发射极放大电路

1. 中频段电压增益

　　小信号电路如图 12-25 所示,为了与低频段和高频段的符号相一致,电压和电流均采用相量表示,由于 R_B 远大于 r_π,则

$$\dot{U}_{be} \approx \frac{r_\pi}{R_s + r_\pi} \dot{U}_s$$

$$\dot{U}_o = -(R_C \mathbin{/\!/} R_L) g_m \dot{U}_{be}$$

故电压增益

$$A_{\mathrm{m}} = \frac{\dot{U}_{\mathrm{o}}}{\dot{U}_{\mathrm{s}}} = -(R_{\mathrm{C}} /\!/ R_{\mathrm{L}})g_{\mathrm{m}}\frac{r_{\pi}}{R_{\mathrm{s}} + r_{\pi}}$$

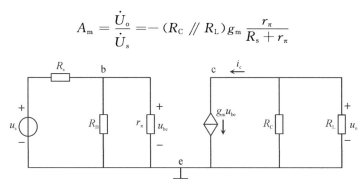

图 12 - 25　中频段小信号电路

2. 下限频率的估算

下限频率取决于耦合电容。低频段小信号电路如图 12 - 26 所示。可看出,它由两个一阶电路的级联组成,$\dot{U}_{\mathrm{be}}/\dot{U}_{\mathrm{s}}$ 和 $\dot{U}_{\mathrm{o}}/\dot{U}_{\mathrm{be}}$ 均为高通函数,设其下限频率分别为 $f_{\mathrm{L}1}$ 和 $f_{\mathrm{L}2}$,为

$$f_{\mathrm{L}k} = \frac{1}{2\pi R_k C_k}\ (k = 1,2)$$

其中 R_k 是电路在 C_k 两端的戴维南电阻,分别为

$$R_1 = R_{\mathrm{s}} + (R_{\mathrm{B}} /\!/ r_{\pi}) \approx R_{\mathrm{s}} + r_{\pi}$$
$$R_2 = R_{\mathrm{C}} + R_{\mathrm{L}}$$

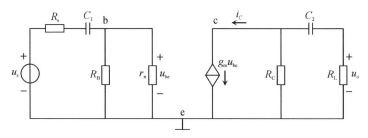

图 12 - 26　低频段小信号电路

对有旁路电容的晶体管放大电路,一般采用短路时间常数法估算下限频率,即每次只考虑一个耦合电容或旁路电容,把其余这些电容按短路对待,计算出相应的时间常数及其下限频率,设分别为 $f_{\mathrm{L}1},f_{\mathrm{L}2},\cdots$,数值计算时,总电路的下限频率 f_{L} 按下式估算(公式推导过程略)

$$f_{\mathrm{L}} \approx \sqrt{f_{\mathrm{L}1}^2 + f_{\mathrm{L}2}^2 + \cdots} \tag{12-27}$$

若 $f_{\mathrm{L}1},f_{\mathrm{L}2},\cdots$ 中的某一个远大于其余值,f_{L} 为该最大频率。

例 12 - 4 图 12 - 24 所示为共发射极电路,已知 $V_{CC} = 12$ V,$R_B = 360$ kΩ,$R_C = 2$ kΩ,$R_L = 2$ kΩ,$R_s = 100$ Ω,$C_1 = C_2 = 1$ μF,晶体管低频电流增益 $\beta = 100$,$U_{BE} = 0.7$ V。求:(1)晶体管的 g_m 和 r_π;(2)中频段电压增益 A_m;(3)下限频率 f_L。

解 (1)工作点处的基极电流和集电极电流分别为

$$I_B = \frac{V_{CC} - U_{BE}}{R_B} = \frac{12 \text{ V} - 0.7 \text{ V}}{360 \text{ kΩ}} = 31.4 \text{ μA}$$

$$I_C = \beta I_B = 3.14 \text{ mA}$$

g_m 和 r_π 分别为

$$g_m = \frac{I_C}{U_T} = \frac{3.14 \text{ mA}}{26 \text{ mV}} = 121 \text{ mS}$$

$$r_\pi = \frac{\beta}{g_m} = \frac{100}{0.121 \text{ S}} = 0.826 \text{ kΩ}$$

(2)中频段电压增益 A_m 为

$$A_m = \frac{\dot{U}_o}{\dot{U}_s} = -(R_C \mathbin{/\mkern-5mu/} R_L) g_m \frac{r_\pi}{R_s + r_\pi} = -108$$

$|A_m|$ 的分贝值为 $20\lg 108 \approx 40.7$ dB。

(3)电路在电容 C_1 和 C_2 两端的戴维南电阻分别为

$$R_1 \approx R_s + r_\pi = 926 \text{ Ω}$$

$$R_2 = R_C + R_L = 4 \text{ kΩ}$$

相应的下限频率

$$f_{L1} = \frac{1}{2\pi R_1 C_1} = \frac{1}{2\pi \times 926 \text{ Ω} \times 1 \text{ μF}} = 172 \text{ Hz}$$

$$f_{L2} = \frac{1}{2\pi R_2 C_2} = \frac{1}{2\pi \times 4 \text{ kΩ} \times 1 \text{ μF}} = 40 \text{ Hz}$$

则总电路的下限频率为

$$f_L \approx \sqrt{f_{L1}^2 + f_{L2}^2} = 176 \text{ Hz}$$

3. 上限频率的估算

频率越高,晶体管内部电容对电路性能的影响越大,高频段小信号等效电路如图 12 - 27 所示,其中

$$R_L' = R_L \mathbin{/\mkern-5mu/} R_C$$

为简化起见,忽略 R_B 的存在。

上限频率的估算有多种方法:结点法、开路时间常数法、米勒近似等效法等。在上限频率附近,幅频响应函数可用一阶低通函数近似

$$H(j\omega) = \frac{\dot{U}_o}{\dot{U}_s} \approx \frac{A_m}{1 + j\omega\tau}$$

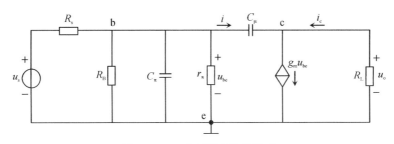

图 12-27　高频段小信号模型

其中 A_m 为中频段电压增益，τ 为时间常数。开路时间常数法是：每次只考虑一个电容，其余电容按开路对待，设其时间常数分别为 $\tau_1,\tau_2,\cdots$，总时间常数 τ 按下式估算：

$$\tau = \sqrt{\tau_1^2 + \tau_2^2 + \cdots} \tag{12-28}$$

当 $\tau_1,\tau_2,\cdots$ 中的某一个远大于其余值时，τ 近似为该最大值。电路的上限频率

$$f_H = \frac{1}{2\pi\tau} \tag{12-29}$$

图 12-27 所示电路有 2 个电容，按开路时间常数法，$C_\mu=0$ 时，电路在 C_π 两端的戴维南电阻为

$$R_1 \approx R_s \mathbin{/\!/} r_\pi$$

故时间常数为

$$\tau_1 = R_1 C_\pi \tag{12-30}$$

若把电容 C_π 开路，只考虑 C_μ，依据 KVL 有

$$\dot{U}_{be} = \frac{1}{j\omega C_\mu}\dot{I} + R'_L(\dot{I} - g_m\dot{U}_{be})$$

从上式得

$$\frac{\dot{U}_{be}}{\dot{I}} = \frac{1}{j\omega(1+R'_L g_m)C_\mu} + \frac{R'_L}{1+R'_L g_m}$$

它等同于一个电容和一个电阻的串联，如图 12-28 中所示。该电路的时间常数为

$$\tau_2 = \left[(R_s \mathbin{/\!/} r_\pi) + \frac{R'_L}{1+R'_L g_m}\right](1+R'_L g_m)C_\mu \tag{12-31}$$

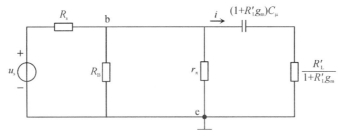

图 12-28　求解 τ_2 的等效电路

比较这两个时间常数,一般来说,$(1+R'_L g_m)C_\mu > C_\pi$,故上限频率主要取决于电容 C_μ。要想增大上限频率,应减小 $R'_L g_m$ 的值,但这导致中频段增益减小,故而提高上限频率与提高中频段增益之间存在矛盾。

例 12-5 图 12-24 所示为共发射极电路,参数如例 12-4 所示。若已知晶体管的内部电容 $C_\pi = 20$ pF,$C_\mu = 5$ pF,求上限截止频率 f_H。

解 在上限截止频率处的等效电路如图 12-27 所示,上例中已求出 $g_m = 0.121$ S。令 $C_\mu = 0$,电路在 C_π 两端的戴维南电阻为

$$R_1 = R_s /\!/ r_\pi = \frac{100 \times 826}{100 + 826} \,\Omega = 89\,\Omega$$

相应的时间常数

$$\tau_1 = R_1 C_\pi = 1.8\text{ ns}$$

令 $C_\pi = 0$,由式(12-31),电容 C_μ 相关的时间常数为

$$\tau_2 = \left[(R_s /\!/ r_\pi) + \frac{R'_L}{1+R'_L g_m}\right](1+R'_L g_m)C_\mu = 59.4\text{ ns}$$

故上限频率 f_H 为

$$f_H = \frac{1}{2\pi\sqrt{\tau_1^2 + \tau_2^2}} \approx \frac{1}{2\pi\tau_2} = 2.68\text{ MHz}$$

用 Micro-Cap 12 对例 12-5 进行计算机仿真,电路的幅频响应和相频响应如图 12-29 所示,其中横坐标为频率 f,计算结果与仿真结果基本一致。

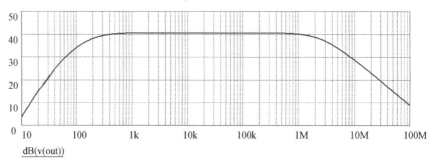
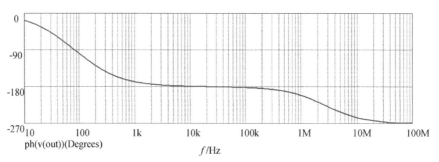

图 12-29　例 12-5 电路的频率响应

12.4　有源 *RC* 滤波器

若信号中混杂一些不需要的干扰,且它们与有用信号分布的频率范围不同,则用具有特定频率响应的电路就能够抑制干扰,具有这种功能的电路称为滤波器。可以说,几乎所有的电子电路都存在滤波器。根据通带分布,滤波器可分为低通、高通、带通和带阻等类型,理想滤波器的幅频响应如图 12 - 30 所示。实际滤波器的增益不可能在某一频率范围内严格不变,通带与阻带间的过渡带也不可能无限窄,理想幅频响应可通过提高幅频响应函数的阶数来逼近。

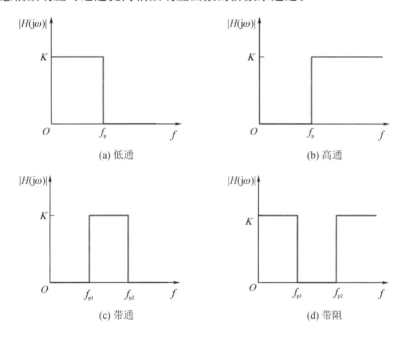

图 12 - 30　理想滤波器的幅频响应

用无源元件实现的滤波器称为无源滤波器。无源滤波器的设计已非常成熟,一种典型的梯形结构 5 阶低通滤波器如图 12 - 31 所示。无源滤波器的直流增益不可能大于 1,电感线圈的制作费时,且频率较低时体积大。

用晶体管、集成电路等实现的滤波器称为有源滤波器,一般不使用电感线圈。有源滤波器的种类很多,本节介绍几个常用的二阶有源 *RC* 滤波器电路,它们由运算放大器、电阻和电容组成。

图 12 - 32 所示电路由萨伦(R. P. Sallen)和基(E. L. Key)于 1955 年提出,其中,u_{in} 为输入电压,u_o 为输出电压,运算放大器、电阻 R_a 和 R_b 组成同相比例器,其

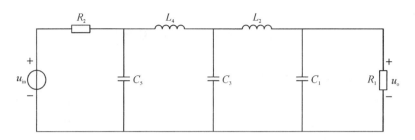

图 12 - 31　无源滤波器举例

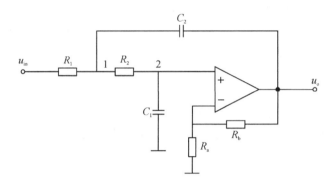

图 12 - 32　萨伦-基(Sallen-Key)低通滤波器

比例系数为

$$K = 1 + \frac{R_b}{R_a}$$

该电路通过无源 RC 电路把输出反馈到运算放大器的同相端,从电路可得:当频率趋近于零时 $\dot{U}_o = K\dot{U}_{in}$,当频率趋近于无限大时 $\dot{U}_o = 0$,因而该电路是二阶低通滤波器。设 $G_1 = 1/R_1$,$G_2 = 1/R_2$,该电路的结点电压方程为

结点 1:$(G_1 + G_2 + j\omega C_2)\dot{U}_1 - G_2\dot{U}_2 - j\omega C_2\dot{U}_o = G_1\dot{U}_{in}$

结点 2:$-G_2\dot{U}_1 + (G_2 + j\omega C_1)\dot{U}_2 = 0$

比例器:$\dot{U}_o = K\dot{U}_2$

从该方程组求出

$$\begin{aligned}\frac{\dot{U}_o}{\dot{U}_{in}} &= \frac{K}{1 + j\omega[(R_1 + R_2)C_1 + (1-K)R_1C_2] + (j\omega)^2 R_1 R_2 C_1 C_2} \\ &= \frac{K}{1 + \dfrac{j\omega}{\omega_0 Q} + \dfrac{(j\omega)^2}{\omega_0^2}}\end{aligned} \tag{12-32}$$

其中

$$\omega_0 = \frac{1}{\sqrt{R_1 R_2 C_1 C_2}}$$

$$Q = \frac{\sqrt{R_1 R_2 C_1 C_2}}{(R_1 + R_2)C_1 + (1 - K)R_1 C_2}$$

根据给定的 ω_0 和 Q 确定元件参数的方法如下：

方法 1：为了减小元件值的分散性，可取 $R_1 = R_2 = R$，$C_1 = C_2 = C$，K 不独立取值，则

$$RC = \frac{1}{\omega_0}$$

$$K = 3 - \frac{1}{Q}$$

选定电容 C 值后求出电阻 R，根据 Q 值求得 K，再根据 K 值确定电阻 R_a 和 R_b。

方法 2：指定 K、C_1 和 C_2 的值，求解 R_1 和 R_2，方程为

$$\frac{1}{R_1 R_2 C_1 C_2} = \omega_0^2$$

$$(R_1 + R_2)C_1 + (1 - K)R_1 C_2 = \frac{1}{\omega_0 Q}$$

为了数值运算简单起见，一般先取 $\omega_0 = 1 \text{ rad/s}$（归一化）设计，待确定各元件参数后，再去归一化，将元件参数调整至合适的值，用下面的例题说明。

例 12-6　设二阶低通滤波器的品质因数 $Q = \frac{\sqrt{2}}{2}$，特征频率 $f_0 = 1 \text{ kHz}$，直流增益 $K = 1$，如果选用萨伦-基电路实现，设取 $C_2 = 2C_1$，试确定各电阻值。

解　在归一化条件下设计，取 $\omega_0 = 1 \text{ rad/s}$，$C_1 = 1 \text{ F}$，$C_2 = 2 \text{ F}$，有

$$\frac{1}{R_1 R_2} = 2$$

$$R_1 + R_2 = \sqrt{2}$$

求得 $R_1 = R_2 = 0.707 \ \Omega$。

去归一化，首先将特征频率变换为 $f_0 = 1 \text{ kHz}$，其方法是对全部电容值除以 $2\pi f_0$，这时的电容值为

$$C_1 = \frac{1 \text{ F}}{2\pi \times 1000} = 159 \ \mu\text{F}$$

$$C_2 = 2C_1 = 318 \ \mu\text{F}$$

上面计算出的电容值较大，考虑实际实现问题，要对其调整。给电路中各阻抗同除以一个系数，电压幅频响应函数并不会发生改变。设取 $C_1 = 0.1 \ \mu\text{F}$、$C_2 = 0.2 \ \mu\text{F}$，得

$$\alpha = \frac{0.1 \ \mu\text{F}}{159 \ \mu\text{F}} = 6.29 \times 10^{-4}$$

给 R_1 和 R_2 的值除以 α，则

$$R_1 = R_2 = \frac{0.707\ \Omega}{\alpha} = 1.12\ \text{k}\Omega$$

由于直流增益 $K=1$，电路如图 12-33 所示。

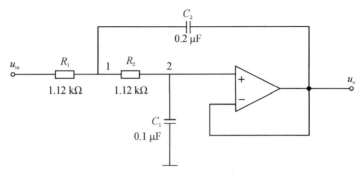

图 12-33　例 12-6 电路

图 12-32 所示低通电路中，如果保持比例器不变，把电阻和电容元件互换，如图 12-34 所示，它为萨伦-基高通滤波器，用结点法可求出幅频响应函数

$$\frac{\dot{U}_\text{o}}{\dot{U}_\text{in}} = K\,\frac{(j\omega)^2\,R_1 R_2 C_1 C_2}{1 + j\omega[R_2 C_1 + ((1-K)R_1 + R_2)C_2] + (j\omega)^2 R_1 R_2 C_1 C_2}$$

$$= K\,\frac{\dfrac{(j\omega)^2}{\omega_0^2}}{1 + \dfrac{j\omega}{\omega_0 Q} + \dfrac{(j\omega)^2}{\omega_0^2}} \tag{12-33}$$

该电路的设计与低通滤波器的类似，不再赘述。

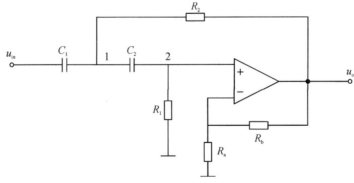

图 12-34　萨伦-基高通滤波器

二阶带通滤波器也能用上述结构的电路实现，此处从略。

单运放二阶滤波器适用于 Q 值比较低的情况。在模拟信号处理电路中，一般

以积分器、求和、放大三种基本运算单元进行设计,这种方法的主要优点是:(1)积分器、求和器、放大器等基本运算单元用有源器件易于实现;(2)借助实现框图,设计过程简单明了,电路中各物理量的意义明确;(3)易于对电路进行变换,得出各种不同形式的电路结构;(4)适用于制作成通用集成电路,用户只要外接少量元件,就可获得性能优良的滤波器。

图 12-35 所示电路用三个运算放大器实现,称为托-托马斯(Tow-Thomas)电路,电压间的关系为

$$\dot{U}_1 = -\frac{\dfrac{1}{R_4}}{\dfrac{1}{R_1}+j\omega C_1}\dot{U}_{in} - \frac{\dfrac{1}{R_3}}{\dfrac{1}{R_1}+j\omega C_1}\dot{U}_3$$

$$\dot{U}_2 = -\frac{1}{j\omega R_2 C_2}\dot{U}_1$$

$$\dot{U}_3 = -\dot{U}_2$$

从以上三式求得

$$\frac{\dot{U}_1}{\dot{U}_{in}} = -\frac{j\omega R_3 C_2}{1+j\omega\dfrac{R_2 R_3}{R_1}C_2 + (j\omega)^2 R_2 R_3 C_1 C_2}$$

$$\frac{\dot{U}_3}{\dot{U}_{in}} = -\frac{\dfrac{R_3}{R_4}}{1+j\omega\dfrac{R_2 R_3}{R_1}C_2 + (j\omega)^2 R_2 R_3 C_1 C_2}$$

可见,输出为 $\dot{U}_1$ 时是带通的,输出为 $\dot{U}_3$ 时是低通的,如果以 $\dot{U}_2$ 为输出,它也是低通的。则

$$\omega_0 = \frac{1}{\sqrt{R_2 R_3 C_1 C_2}}$$

$$Q = R_1 \sqrt{\frac{C_1}{R_2 R_3 C_2}}$$

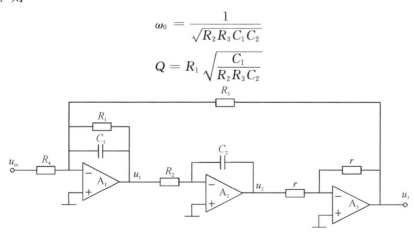

图 12-35   托-托马斯电路

设计公式如下：

$$R_1 = \frac{Q}{\omega_0^2 C_1}$$

$$R_2 = \frac{1}{\omega_0^2 R_3 C_1 C_2}$$

R_4的值根据低通的直流增益或带通的最大增益确定。

　　该电路可按下述步骤调试：(1)调节 R_2，使 $\dot{U}_1$ 在 f_0 处的值最大；(2)调节 R_1，使其满足带宽要求；(3)调节 R_4，使其满足幅度峰值要求。

习题 12

12-1　电路如题 12-1 图所示，求 $\dot{U}_o/\dot{U}_{in}$，绘出其对数刻度的幅频响应和相频响应。

12-2　电路如题 12-2 图所示，求 $\dot{U}_o/\dot{U}_{in}$，绘出其对数刻度的幅频响应。

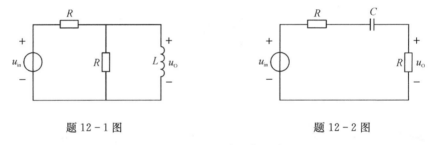

题 12-1 图　　　　　　　　　　　　　　　题 12-2 图

12-3　题 12-3 图所示移相电桥电路，求 $\dot{U}_o/\dot{U}_{in}$，绘出其幅频响应和相频响应。

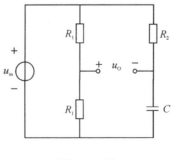

题 12-3 图

12-4　题 12-4 图所示电路中，$g=1\text{ mS}$，求 $\dot{U}_o/\dot{U}_{in}$，并画出幅频响应。

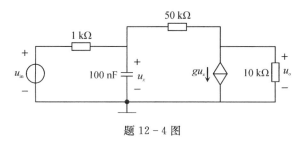

题 12-4 图

12-5　设计题 12-5 图所示低音控制电路,要求:最大增益 20 dB,40 Hz 频率处的增益为 17 dB,电位器 100 kΩ,求 R_1 和 C 的值。

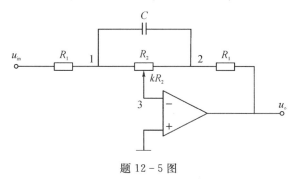

题 12-5 图

12-6　求题 12-6 图所示电路的 $\dot{I}_L/\dot{I}_{in}$,并定性绘制幅频响应曲线。

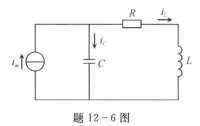

题 12-6 图

12-7　求题 12-7 图所示电路的 $\dot{U}_o/\dot{U}_{in}$。

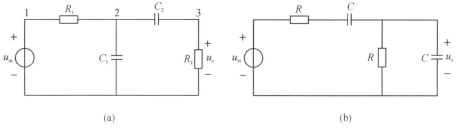

(a)　　　　　　　　　　　　　　(b)

题 12-7 图

12-8　题 12-8 图所示电路中，输入电压

$$u_{in}(t) = 200\left[\frac{1}{2} - \frac{1}{1\times 3}\cos(2\omega_1 t) - \frac{1}{3\times 5}\cos(4\omega_1 t)\right] \text{V}$$

其中 $\omega_1 = 100\pi$ rad/s。试求滤波后负载上电压 u_R 以及电压源发出的平均功率。

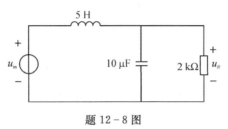

题 12-8 图

12-9　已知电路的幅频响应函数为

$$H_1(j\omega) = \frac{1}{(1+j\omega)(1+\dfrac{j\omega}{100})}$$

$$H_2(j\omega) = \frac{j\omega}{(1+j\omega)(1+\dfrac{j\omega}{100})}$$

试定性绘制幅频曲线。

12-10　估算下列各频响函数的上限频率。

$$H_1(j\omega) = \frac{1}{(1+j\omega\times 10^{-3})(1+j\omega\times 10^{-5})}$$

$$H_2(j\omega) = \frac{1}{(1+j\omega\times 10^{-3})(1+j\omega\times 5\times 10^{-4})}$$

12-11　题 12-11 图所示晶体管放大电路，已知晶体管参数 $\beta = 100$，设集电极工

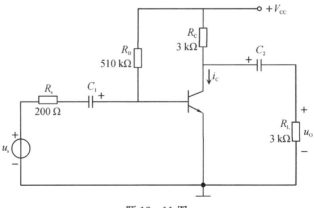

题 12-11 图

作点处电流 $I_C = 2$ mA。若要求该电路的下限频率 $f_L = 100$ Hz,设取 $f_{L1} = 0.8 f_L$,$f_{L2} = 0.6 f_L$,试确定二个耦合电容 C_1 和 C_2 的值。

12-12 电路如题 12-12 图所示,已知晶体管参数:$\beta = 100$,$C_\pi = 100$ pF,$C_\mu = 2$ pF。设集电极工作点处电流 $I_C = 2$ mA,求:

(1) 中频段电压增益 $\dot{U}_o / \dot{U}_s$;

(2) 通带下限频率 f_L;

(3) 通带上限频率 f_H。

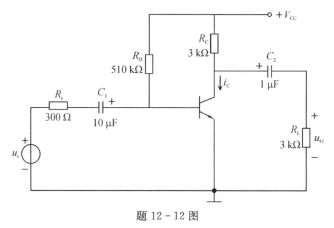

题 12-12 图

12-13 电路如题 12-13 图所示,已知晶体管电流增益 $\beta = 200$,直流电源电压 $V_{CC} = 15$ V,$U_{BE} = 0.6$ V,试求该电路的下限频率。

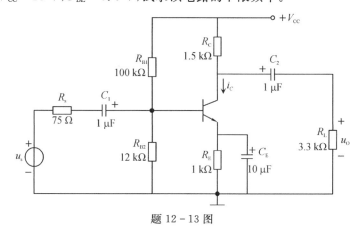

题 12-13 图

12-14 题 12-14 图电路为 5 阶无源低通滤波器,通带角频率 $\omega_p = 1$ rad/s。若要实现通带频率 $f_p = 10$ kHz 的低通滤波器,设两个电阻取 1 kΩ,试给出电感和电容的值。

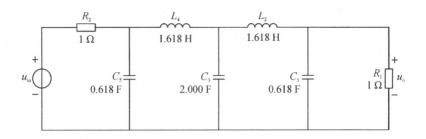

题 12-14 图

12-15　设计萨伦-基低通滤波器,要求 $f_0 = 2\,\text{kHz}$, $Q = 10$。(1)取 $R_1 = R_2$, $C_1 = C_2$;(2)取 $C_1 = C_2$,同相比例器增益 $K = 2$。

12-16　判断题 12-16 图所示电路为何种滤波器,求其频响函数。

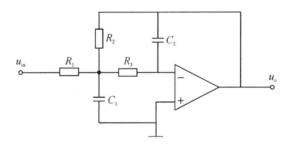

题 12-16 图

12-17　判断题 12-17 图电路为何种滤波器,求其频响函数。

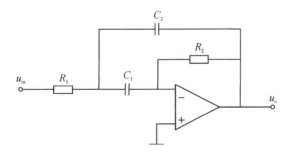

题 12-17 图

12-18　确定托-托马斯电路中元件参数。设 $f_0 = 200\,\text{Hz}$, $Q = 50$, f_0 处带通函数的增益为 1, $C_1 = C_2 = 0.1\,\mu\text{F}$。

第 13 章　负反馈放大电路

1928 年,美国西方电气公司(Western Electric Company)的电子工程师哈罗德·布莱克(Harold Black)在寻找适合于电话中继站的稳定增益放大器的设计方法时,发明了负反馈放大器,从那时起,反馈技术得到了极其广泛的应用,大多数实际系统中都包含了不同形式的反馈。

本书上册已讨论了晶体管放大电路,而这些电路的增益、通频带等性能会随着环境温度、工艺参数、电源电压和负载电阻的变化而改变,从而导致放大电路的性能下降。利用负反馈技术,则可以改进和提高放大电路的性能。

13.1　反馈的概念

工作点稳定的晶体管直流偏置电路如图 13-1 所示,晶体管发射极电流 I_E 近似等于集电极电流 I_C。如果环境温度的变化造成 I_C 增大,由于发射极电位 $U_E = R_E I_E \approx R_E I_C$,则 U_E 将升高,它导致晶体管发射结电压 U_{BE} 减小,从而又使 I_C 减小,即

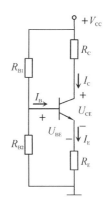

图 13-1　晶体管直流
偏置电路

$$I_C \uparrow \rightarrow I_E \uparrow \rightarrow U_E \uparrow \rightarrow U_{BE} \downarrow$$
$$I_C \downarrow \leftarrow$$

可见,电阻 R_E 把电流 I_C 反馈至晶体管输入端,在一定程度上抑制了 I_C 的变化,R_E 起反馈作用。

从上例可知,所谓反馈,就是把输出量(输出电压或输出电流)通过网络返送到输入端,以改善电路性能所采取的措施。

在图 13-1 所示电路中,反馈用于改善晶体管的工作点,存在于直流通路中,称为直流反馈。本章则重点介绍交流通路中的反馈(交流反馈)。

反馈放大电路的交流通路由"放大单元"和"反馈网络"两部分组成,前者由晶体管、运算放大器等组成,主要功能是放大信号(电压或电流),信号的传输是单向的,后者一般为无源网络,主要功能是反向传输放大电路的输出量。从信号与系统

的视角看,反馈放大电路如图 13 - 2 所示。其中:信号用箭头表示,x_{in} 为输入,x_o 为输出,x_d 为放大单元的净输入,x_f 为反馈网络的输出,"－"表示反相运算,"○"表示求和运算,故 $x_d = x_{in} - x_f$,该式中的三个量要么都是电压,要么都是电流。

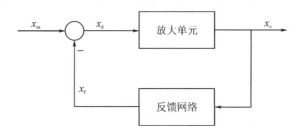

图 13 - 2　反馈放大电路方框图

由图 13 - 2 可知,除"放大单元"外,若存在输出到输入的通路,并且能够影响放大单元的净输入量,则说明电路引入了反馈。

对净输入量的变化具有抑制作用的反馈称为负反馈,反之,对净输入量的变化具有促进作用的反馈称为正反馈。由于正反馈使净输入量的变化更加显著,最终会导致电路的输出偏离期望值,因此,放大电路必须是负反馈的。以图 13 - 3 所示电压跟随器电路为例,由于集成运放的输出端与反相输入端相连,则反馈电压 u_f 等于输出电压 u_o。假设在某一时刻由于输入电压的改变使净输入电压 u_d 变大,则放大单元的输出电压 u_o 增大,集成运放的反相端电位 u_f 也随之增大,由于 $u_d = u_{in} - u_f$,则 u_d 势必要减小,即

$$u_d \uparrow \ \rightarrow \ u_o \uparrow \ \rightarrow \ u_f \uparrow$$
$$u_d \downarrow \ \longleftarrow$$

说明反馈通路的存在能够抑制净输入量 u_d 的变化,从而也抑制了输出量 u_o 的变化,起到了稳定输出量的作用,因此为负反馈。反馈极性也可以用输出电压 u_o 来判断,设某一因素导致 u_o 增大,则反馈通路使 u_f 增大,从而使 u_d 减小,由运算放大器,u_d 减小使 u_o 减小,即

$$u_o \uparrow \ \rightarrow \ u_f \uparrow \ \rightarrow \ u_d \downarrow$$
$$u_o \downarrow \ \longleftarrow$$

则为负反馈。

如果把图 13 - 3 中运放的两个输入端互换,即反相端接输入,同相端接输出端,假设 $u_o \uparrow$,则反馈通路使 $u_f \uparrow$,由于运放同相端电压 $u_f \uparrow$,集成运放使 u_o 进一步增大,故该电路会加速输出电压的进一步增大,为正反馈,最终使运放工作在饱和区,该电路是不能实现电压跟随作用的。

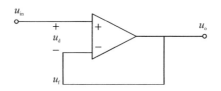

图 13-3　电压跟随器反馈极性的判断

例 13-1　集成运放的应用电路如图 13-4 所示,试判别图中两个电路有无反馈,若有反馈,判断是正反馈还是负反馈。

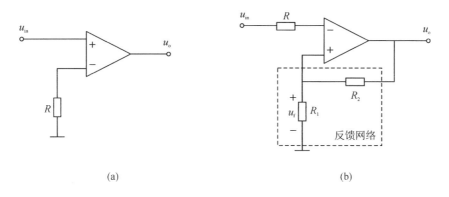

(a)　　　　　　　　　　　　　　　　　(b)

图 13-4　例 13-1 电路图

解　图 13-4(a)中,输入量 u_{in} 连接到运放的同相输入端,反相输入端通过电阻 R 接地,输出量 u_o 并没有到运放输入端的通路,可判定该电路不存在反馈。

图 13-4(b)中,输入量 u_{in} 连接到运放的反相输入端,运放同相输入端电压来源于电阻 R_1 和 R_2 对输出电压 u_o 的分压,即

$$u_f = \frac{R_1}{R_2 + R_1} u_o$$

假设 u_o 增大,则反馈网络使 u_f 增大,由于反馈电压在运放的同相端,集成运放使输出电压进一步增大,因此该电路为正反馈电路。

13.2　负反馈对放大电路性能的影响

在放大电路中引入负反馈后,虽然闭环增益比开环增益低,却使得其他性能得到改善。例如,可以稳定闭环增益、减小非线性失真和拓展通频带等。

1. 负反馈放大电路的闭环增益

图 13-2 中,放大单元的增益也称为开环增益,设为 A,则

$$x_o = A x_d \tag{13-1}$$

反馈网络的输入输出关系为

$$x_f = F x_o \tag{13-2}$$

F 称为反馈系数。净输入量为输入量与反馈量的减运算,即

$$x_d = x_{in} - x_f \tag{13-3}$$

由以上三式得闭环增益 A_f 为

$$A_f = \frac{x_o}{x_{in}} = \frac{A}{1+AF} \tag{13-4}$$

式(13-4)表明闭环增益 A_f 是开环增益 A 除以(1+AF)。一般情况下,$|AF|$ 的值很大,若 $|AF| \gg 1$,称为深度负反馈,这时

$$A_f = \frac{A}{1+AF} \approx \frac{1}{F} \tag{13-5}$$

即在深度反馈条件下,闭环增益与开环增益 A 几乎无关,只取决于反馈系数 F。根据式(13-2)和式(13-4)可得出

$$x_f = \frac{AF}{1+AF} x_{in} \tag{13-6}$$

在深度反馈条件下,有

$$x_f \approx x_{in}$$

即反馈量近似等于输入量,净输入量几乎为零。

例 13-2　已知某负反馈放大电路的反馈系数 $F=0.02$,输入电压 $u_{in}=15$ mV,开环电压增益 $A=10^4$,试求该电路的闭环电压增益 A_f、反馈电压 u_f 和净输入电压 u_d。

解　由式(13-4),闭环电压增益为

$$A_f = \frac{A}{1+AF} = \frac{10^4}{1+10^4 \times 0.02} = 49.75$$

由式(13-6),反馈电压 u_f 为

$$u_f = \frac{AF}{1+AF} u_{in} = 14.925 \text{ mV}$$

则净输入电压 u_d 为

$$u_d = u_{in} - u_f = 15 \text{ mV} - 14.925 \text{ mV} = 0.075 \text{ mV}$$

2. 降低了开环增益变化的影响

为分析闭环增益的相对变化量,式(13-4)对 A 微分,得

$$dA_f = \frac{dA}{(1+AF)^2}$$

则 A_{f} 的相对变化量为

$$\frac{\mathrm{d}A_{\mathrm{f}}}{A_{\mathrm{f}}} = \frac{1}{1+AF} \cdot \frac{\mathrm{d}A}{A} \qquad (13-7)$$

即 A_{f} 的相对变化量是 A 相对变化量除以 $(1+AF)$，它的绝对值越大，闭环增益的相对变化量就越小。

例 13-3 某负反馈放大电路的开环增益 $A=10^4$，反馈系数 $F=0.01$。受电源电压影响，使 A 下降为 8×10^3，求闭环增益 A_{f} 的相对变化量为多少？

解 开环增益的相对变化量为

$$\frac{\mathrm{d}A}{A} = \frac{8\times10^3 - 10^4}{10^4} = -20\%$$

由式 $(13-7)$ 得闭环增益 A_{f} 的相对变化量

$$\frac{\mathrm{d}A_{\mathrm{f}}}{A_{\mathrm{f}}} = \frac{1}{1+AF} \cdot \frac{\mathrm{d}A}{A} = \frac{1}{1+10^4\times0.01} \times (-20\%) \approx -0.2\%$$

可见，尽管开环增益变化很大，但闭环增益的变化并不大。

3. 减小反馈环内的非线性失真

放大电路的输出量与输入量间应具有线性关系，但是，由于晶体管的非线性，在输入信号振幅较大时，将引起基极电流波形的失真，如图 13-5(a)所示，从而使放大电路输出的波形产生失真，如图 13-5(b)所示，那么如何减小这种失真呢？

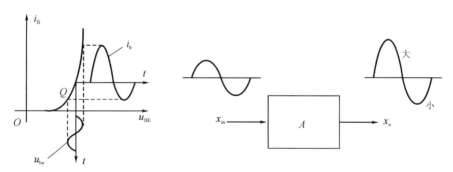

(a) u_{be} 为正弦波时 i_{b} 失真   (b) 无反馈时的波形失真

图 13-5 无反馈时波形

如果能使晶体管 b-e 间电压的正半周幅值小一些而负半周幅值大一些，那么 i_{b} 将近似是正弦波，如图 13-6(a)所示。如果给电路引入负反馈，将使得晶体管 b-e 间电压产生类似上述变化。

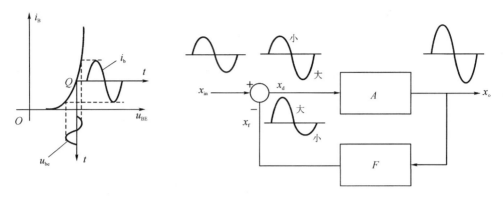

(a) u_{be} 为非正弦波时 i_b 近似为正弦波　　　　　　(b) 引入反馈后的输出波形

图 13 - 6　引入反馈后非线性失真减小

　　电路引入负反馈后,反馈信号 x_f 与图 13 - 5(a)图中 x_o 成比例,也是正半周幅值大负半周小的失真波形。又因为净输入信号 $x_d = x_{in} - x_f$,所以净输入信号波形和无反馈时输出波形刚好相反,是一个正半周幅值小负半周幅值大的失真波形,这样的净输入信号 x_d 经过放大之后,将在一定程度上减少非线性失真,其输出波形如图 13 - 6(b)中的 x_o 所示。

　　需要注意,由于负反馈的引入,在减小非线性失真的同时,降低了输出幅度。另外,输入信号本身固有的失真,是不能用负反馈来改善的。

4. 扩展通频带

　　在阻容耦合放大电路中,由于耦合电容、旁路电容和晶体管电容的存在,电路增益在高频段和低频段都下降。设放大单元的中频电压增益为 A_m,上限截止频率为 f_H,下限截止频率为 f_L,则中高频段的电压增益 A 近似为

$$A = \frac{A_m}{1 + j\dfrac{f}{f_H}} \tag{13-8}$$

引入负反馈后,设反馈系数为 F,其闭环电压增益 A_f 为

$$A_f = \frac{A}{1 + AF} = \frac{\dfrac{A_m}{1 + j\dfrac{f}{f_H}}}{1 + \dfrac{A_m}{1 + j\dfrac{f}{f_H}} \cdot F} = \frac{A_m}{1 + A_m F + j\dfrac{f}{f_H}}$$

将分子分母同时除以 $(1 + A_m F)$,得

$$A_f = \dfrac{\dfrac{A_m}{1+A_mF}}{1+j\dfrac{f}{(1+A_mF)f_H}} \qquad (13-9)$$

式(13-9)中,上限频率 f_{Hf} 为

$$f_{Hf} = (1+A_mF)f_H \qquad (13-10)$$

即闭环上限截止频率 f_{Hf} 增大,是无反馈时的 $(1+A_mF)$ 倍。

同理,闭环下限截止频率 f_{Lf} 是无反馈时下限截止频率 f_L 除以 $(1+A_mF)$,即

$$f_{Lf} = \dfrac{f_L}{1+A_mF} \qquad (13-11)$$

引入反馈后的闭环电压增益的幅频特性如图 13-7 所示。

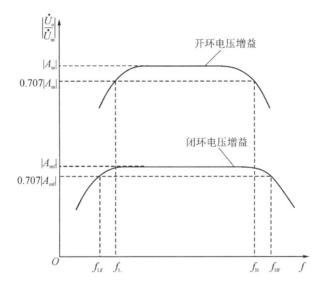

图 13-7　负反馈扩展通频带

由图 13-7 可以看出,引入反馈后的通频带展宽了,通常,阻容耦合放大电路的 $f_L \ll f_H$,放大单元的增益带宽乘积为

$$A_m(f_H - f_L) \approx A_m f_H$$

引入反馈后的增益带宽乘积近似为

$$\dfrac{A_m}{1+A_mF}f_{Hf} = A_m f_H$$

上式说明,反馈的引入并未改变增益带宽乘积,通频带展宽是以牺牲增益来换取的。

除以上性能改善外,反馈也会改变输入电阻和输出电阻,详见下节内容。

13.3　四种反馈组态

实用负反馈放大电路中大多为深度负反馈,因此分析负反馈放大电路的关键是从电路中分离出反馈网络。引入反馈时,反馈网络在放大单元的输入端和输出端都有两种不同的连接方式,故有四种组态。

在放大单元的输入端,当输入量和反馈量分别接至放大单元不同的两个输入端上,此时输入量、净输入量与反馈量都是电压,依据 KVL 实现它们的代数和运算,$u_d = u_{in} - u_f$,这种连接方式称为串联反馈,如图 13-8 所示。当输入量和反馈量接至放大单元的同一个输入端上,此时输入量、净输入量与反馈量都是电流,依据结点上的 KCL 实现它们的代数和运算,$i_d = i_{in} - i_f$,这种连接方式称为并联反馈,如图 13-9 所示。

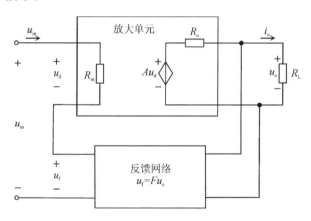

图 13-8　电压串联负反馈

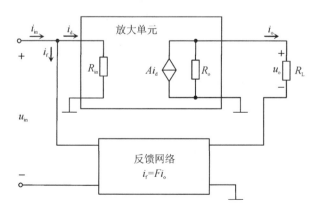

图 13-9　电流并联负反馈

在放大单元的输出端,如果反馈网络的输入端与其并接,则反馈量来自电压,称为电压反馈,如图 13-8 所示;如果反馈网络的输入端与其串接,则反馈量来自电流,称为电流反馈,如图 13-9 所示。可用负载短路法判断是电压反馈还是电流反馈,假定负载 R_L 被短路(即 $u_o = 0$),观察此时反馈量是否消失,若是,则为电压反馈;若反馈量存在,则为电流反馈。电压反馈具有稳定输出电压的作用,电流反馈具有稳定输出电流的作用。

因此,负反馈放大电路共有四种组态:电压串联负反馈、电流并联负反馈、电流串联负反馈和电压并联负反馈,分别如图 13-8~图 13-11 所示。四种组态的电路中,放大单元的增益 A、反馈网络的反馈系数 F 的物理意义各有不同,量纲也不同,如表 13-1 所列。

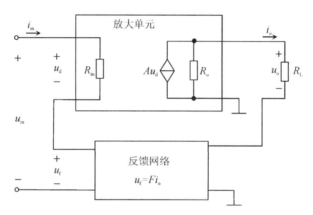

图 13-10　电流串联负反馈

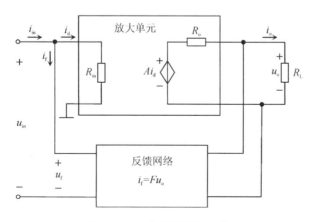

图 13-11　电压并联负反馈

表 13－1 四种负反馈组态放大电路的比较

反馈组态	类型	放大单元的 A	反馈系数 F	闭环增益 A_f	功能
电压串联 负反馈	电压 放大器	$A=\dfrac{u_o}{u_d}$	$F=\dfrac{u_f}{u_o}$	$A_f=\dfrac{u_o}{u_{in}}$	实现电压放大 稳定输出电压
电流并联 负反馈	电流 放大器	$A=\dfrac{i_o}{i_d}$	$F=\dfrac{i_f}{i_o}$	$A_f=\dfrac{i_o}{i_{in}}$	实现电流放大 稳定输出电流
电流串联 负反馈	跨导 放大器	$A=\dfrac{i_o}{u_d}(S)$	$F=\dfrac{u_f}{i_o}(\Omega)$	$A_f=\dfrac{i_o}{u_{in}}(S)$	电压变电流 稳定输出电流
电压并联 负反馈	跨阻 放大器	$A=\dfrac{u_o}{i_d}(\Omega)$	$F=\dfrac{i_f}{u_o}(S)$	$A_f=\dfrac{u_o}{i_{in}}(\Omega)$	电流变电压 稳定输出电压

无论何种组态，由式(13－4)，表 13－1 中的闭环增益 A_f 都可表示为

$$A_f = \frac{A}{1+AF} \tag{13－12}$$

且与负载电阻的大小几乎无关。在深度负反馈下

$$A_f \approx \frac{1}{F} \ (|AF| \gg 1)$$

串联反馈放大电路的输入电阻

$$R_{inf} = \frac{u_{in}}{i_{in}} = \frac{u_d + u_f}{i_{in}}$$

由于

$$u_f \approx AFu_d$$

设放大单元的输入电阻为 R_{in}，则

$$R_{inf} = (1+AF)R_{in} \tag{13－13}$$

可见，串联反馈使输入电阻增大。在深度负反馈条件下，$R_{inf}\to\infty$。

并联反馈放大电路的输入电阻

$$R_{inf} = \frac{u_{in}}{i_{in}} = \frac{u_{in}}{i_d + i_f}$$

由于

$$i_f \approx AFi_d$$

则闭环输入电阻

$$R_{inf} = \frac{R_{in}}{1+AF} \tag{13－14}$$

可见，并联反馈使输入电阻减小。在深度负反馈条件下，$R_{inf}\to 0$。

反馈放大电路的输出电阻可用开路电压与短路电流之比的方法求解。对电压

反馈电路,负载开路时的输出电压 u_{oc} 为(以图 13-8 所示电压串联反馈为例)

$$u_{oc} \approx \frac{A}{1+AF}u_{in}$$

负载短路时,反馈量是零,净输入量等于 u_{in},故 i_o 的短路电流为

$$i_{sc} = \frac{Au_{in}}{R_o}$$

其中 R_o 为放大单元的输出电阻。则反馈放大电路的输出电阻 R_{of} 为

$$R_{of} = \frac{u_{oc}}{i_{sc}} = \frac{R_o}{1+AF} \tag{13-15}$$

可见,电压反馈使输出电阻减小。在深度负反馈条件下,输出电阻 $R_{of} \rightarrow 0$。

　　对电流反馈放大电路(以图 13-9 所示电流并联反馈为例),开路电压和短路电流分别为

$$u_{oc} = R_oAi_{in}$$

$$i_{sc} \approx \frac{A}{1+AF}i_{in}$$

则输出电阻为

$$R_{of} = \frac{u_{oc}}{i_{sc}} = (1+AF)R_o \tag{13-16}$$

可见,电流反馈使输出电阻增加。在深度负反馈条件下,输出电阻 $R_{of} \rightarrow \infty$。

　　负反馈放大电路的输入电阻和输出电阻如表 13-2 所列。

表 13-2　负反馈放大电路的输入电阻和输出电阻

输入电阻 R_{inf}		输出电阻 R_{of}	
串联反馈	并联反馈	电压反馈	电流反馈
$(1+AF)R_{in}$	$\dfrac{R_{in}}{1+AF}$	$\dfrac{R_o}{1+AF}$	$(1+AF)R_o$

　　例 13-4　图 13-12 所示为由运算放大器组成的同相比例器电路,试判断其反馈组态和反馈极性,并求深度负反馈时的闭环电压增益、输入电阻和输出电阻。

　　解　电阻 R_1 和 R_2 组成反馈网络,由图 13-12,输入量与反馈量分别接至运放两个不同的输入端上,因此是串联反馈。反馈电压 u_f 为

$$u_f = \frac{R_1}{R_1+R_2}u_o = Fu_o$$

即反馈量取自输出电压,所以是电压反馈。

　　假设 $u_o \uparrow$,则反馈网络的输出 $u_f \uparrow$,由于其在运放的反相输入端,依据运放输入输出关系,输出电压 u_o 又会减小,因此该电路为负反馈。

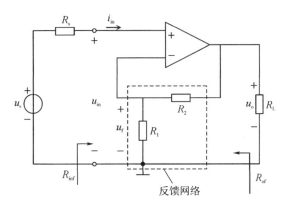

图 13-12　同相比例器电路

深度负反馈下，$u_f \approx u_{in}$，闭环电压增益

$$A_f = \frac{u_o}{u_{in}} \approx \frac{1}{F} = 1 + \frac{R_2}{R_1}$$

因其为串联反馈，故闭环输入电阻 $R_{inf} \to \infty$；又因其为电压反馈，故闭环输出电阻 $R_{of} \to 0$。

例 13-5　图 13-13 所示电路的放大单元为集成运算放大器，试判断其反馈组态，并求深度反馈下的输出电压。

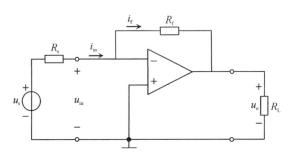

图 13-13　反相比例器电路

解　电阻 R_f 组成反馈网络，可判断出该电路为并联反馈，集成运放的反相输入端为"虚地"。由于

$$i_f = -\frac{u_o}{R_f} = F u_o$$

反馈电流正比于输出电压，则该电路为电压反馈。深度负反馈下，闭环增益为

$$u_o \approx \frac{1}{F} i_{in} = -R_f i_{in}$$

由于 $i_{in} = u_{in}/R_s$，则输出电压

$$u_o = -\frac{R_f}{R_s}u_s$$

例 13 - 6 图 13 - 14 所示电路，放大单元使用集成运算放大器，试判断其反馈组态和反馈极性，求深度反馈条件下的输出电流 i_o、输入电阻 R'_{inf} 和输出电阻 R_{of}。

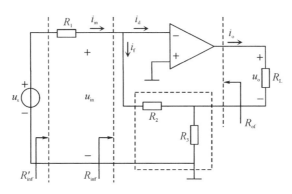

图 13 - 14　例 13 - 6 电路

解　电阻 R_2 和 R_3 组成反馈网络，输入量和反馈量都接至集成运放的反相输入端，故为并联反馈，运放反相输入端为"虚地"，则反馈量 i_f 为

$$i_f = -\frac{R_3}{R_2 + R_3}i_o = Fi_o$$

由于反馈量 i_f 正比于 i_o，所以该电路是电流反馈。反馈极性判断如下：

$$i_o \uparrow \longrightarrow i_f \downarrow \longrightarrow i_d \uparrow$$
$$i_o \downarrow \longleftarrow\qquad\qquad$$

该电路为电流并联负反馈。

深度负反馈下，$i_f \approx i_{in}$，输出电流

$$i_o = \frac{1}{F}i_{in} = -\left(1 + \frac{R_2}{R_3}\right)i_{in}$$

由于 $i_{in} = u_s/R_1$，则

$$i_o = -\left(1 + \frac{R_2}{R_3}\right) \cdot \frac{u_s}{R_1}$$

因其为并联反馈，故 $R_{inf} \to 0$，输入电阻 $R'_{inf} = R_1$；因其为电流反馈，故输出电阻 $R_{of} \to \infty$。

例 13 - 7　试判断图 13 - 15 所示电路的反馈组态和反馈极性。

解　由于输入量与反馈量接入运放的两个不同输入端，因此为串联反馈。由于反馈电压

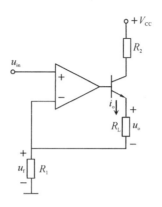

图 13 - 15　例 13 - 7 电路

$$u_f = R_1 i_o$$

故为电流反馈。反馈极性判断如下：假设 $i_o \uparrow$，由反馈网络，$u_f \uparrow$，则运放输出电压减小，晶体管基极电位减小使 $i_o \downarrow$，故为负反馈。

即该电路为电流串联负反馈。

引入负反馈可以改善放大电路多方面的性能，但是随着反馈组态的不同，所产生的影响也各不相同。因此，在设计放大电路的时候，应该根据实际电路的需要和目的，引入合适的反馈。引入负反馈的一般规则为：

（1）为了稳定静态工作点，应该引入直流负反馈；为了改善电路的动态性能，应该引入交流负反馈。

（2）要求提高输入电阻时，应该引入串联负反馈；要求降低输入电阻时，应该引入并联负反馈。

（3）根据负反馈对放大电路输出量的要求，确定引入电压负反馈还是电流负反馈。当负载需要稳定的电压信号时，应该引入电压负反馈；当负载需要稳定的电流信号时，应该引入电流负反馈。

（4）在需要进行信号变换时，应该根据四种类型的负反馈放大电路的功能选择合适的组态。例如：要求把电流信号转换成电压信号时，应在放大电路中引入电压并联负反馈。

例 13 - 8　电路如图 13 - 16 所示，试将反馈电阻 R_f 添加到电路中，以满足下列要求：

（1）减小放大电路从信号源索取的电流，并增强带负载能力；

（2）将输入电流 i_{in} 转换成与之成稳定线性关系的输出电压 u_o；

（3）将输入电压 u_{in} 转换成与之成稳定线性关系的输出电流 i_o。

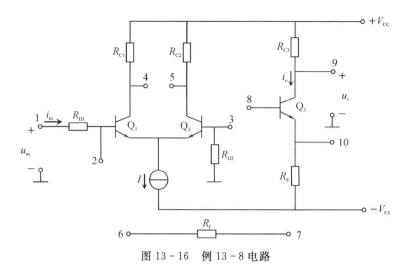

图 13 - 16　例 13 - 8 电路

解　由图可以看出,这是一个直接耦合的两级放大电路,第一级是由 Q_1 和 Q_2 组成的差分放大电路,第二级是由 Q_3 构成的单管放大电路。

(1)要减小放大电路从信号源索取的电流,就必须增大输入电阻,所以输入端应该接成串联反馈,输入量与反馈量应分别接至差分放大电路的两个不同输入端,故将结点 6 与结点 3 连接,即净输入量 $u_d = u_{in} - u_f$。增强带负载能力则要求减小输出电阻,即在输出端应该连成电压反馈,故将结点 7 与结点 9 相连接,此时 Q_3 管为共射级放大电路,反馈量 u_f(结点 3 的电压)为

$$u_f = \frac{R_{B2}}{R_{B2} + R_f} u_o$$

为了保证电路引入的是负反馈,u_f 必须抑制输出量 u_o 的变化。假设 $u_o \uparrow$,反馈网络使 $u_f \uparrow$,差分放大电路使结点 4 电压 $\uparrow$,为使 $u_o \downarrow$,即结点 8 电压 $\uparrow$,故将结点 4 与结点 8 相连接。该电路为电压串联负反馈,其连接如图 13 - 17 所示。

(2)根据要求,输入量为电流 i_{in},说明输入端应接成并联反馈,输入量与反馈量应接至差分放大电路的同一个输入端,故将结点 6 与结点 2 连接,即净输入量 $i_d = i_{in} - i_f$;若要稳定输出电压,则输出端应接成电压反馈,与(1)相同,将结点 7 与结点 9 相连接,反馈量 i_f 为

$$i_f = -\frac{u_o}{R_f}$$

为了保证电路引入的是负反馈,i_f 必须抑制输出量 u_o 的变化。经分析,应将结点 5 与结点 8 相连接,因此该电路为电压并联负反馈,其连接如图 13 - 18 所示。

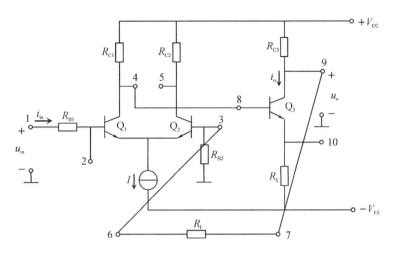

图 13-17 例 13-8 解(1)图

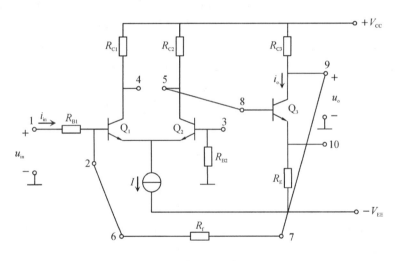

图 13-18 例 13-8 解(2)图

(3)根据要求,输入量为电压 u_{in},说明输入端应接成串联反馈,与(1)相同,故将结点 6 与结点 3 连接,即净输入量 $u_d = u_{in} - u_f$;若要稳定输出电流,则输出端应接成电流反馈,将结点 7 与结点 10 相连接,此时 Q_3 管为共集电极放大电路,反馈量 u_f 为

$$u_f = \frac{R_E R_{B2}}{R_{B2} + R_f + R_E} i_o$$

为了保证电路引入的是负反馈,u_f 必须抑制输出量 i_o 的变化,分析出应将结点 5

与结点 8 相连接,因此该电路为电流串联负反馈,其连接图如图 13 - 19 所示。

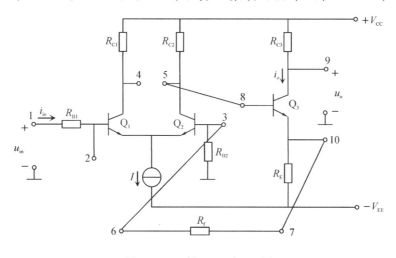

图 13 - 19　例 13 - 8 解(3)图

13.4　负反馈放大电路的自激振荡及消除

利用反馈可以改善放大电路的性能,且反馈越深,性能改善得越好。但是,在一定条件下会因反馈的引入而自产生一定频率的信号,即电路发生自激振荡,此时电路就不能正常放大。

正弦小信号负反馈系统如图 13 - 20 所示,净输入信号与反馈信号关系的相量形式为

$$\dot{X}_d = \dot{X}_{in} - \dot{X}_f$$

$$\dot{X}_f = AF\dot{X}_d$$

其中 A 是放大单元的增益,F 是反馈系数,AF 称为环路增益,考虑上电路内部电容的影响时,AF 为复数。

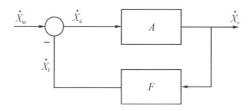

图 13 - 20　正弦小信号负反馈系统

设 AF 的辐角为 φ,在中频区,$\varphi=0$,x_f 与 x_d 同相,电路为负反馈;在低频区,受耦合电容和旁路电容影响,$\varphi>0$,x_f 超前于 x_d;在高频区,受晶体管极间电容影响,$\varphi<0$,x_f 滞后于 x_d。在某一频率下,设 $f=f_0$,若

$$\varphi = (2n+1) \times 180° \quad (n \text{ 为整数}) \tag{13-17}$$

这时,$\dot{X}_f = -|AF|\dot{X}_d$,即 x_f 与 x_d 反相,说明反馈信号起到了促进净输入量的作用,故在该频率处的放大电路实际上是正反馈。若 f_0 频率处的 $|AF|>1$,则正反馈促使净输入量及输出量的振幅越来越大,当它达到一定程度时,受放大单元非线性特性的影响,输出量的振幅将维持在某一值。实际上,由于电路中总是存在噪声,即使没有输入,在输出中也会有 f_0 频率的自激振荡信号。平衡态时,x_d 经放大单元和反馈网络产生 x_f,而 x_f 又作为放大单元的净输入 x_d,在没有输入的情况下振荡也会持续下去。电路发生自激振荡时,它也就失去了正常的放大作用。

由上,电路产生自激振荡除要满足式(13-17)所示相位条件外,还要满足幅度条件:

$$|AF|>1 \tag{13-18}$$

由于一阶负反馈放大电路 φ 的变化范围不会超过 $90°$;二阶负反馈放大电路 φ 的变化范围不超过 $180°$,所以,一阶和二阶负反馈放大电路一般不会产生自激振荡,只有三阶及以上负反馈放大电路才有可能。如果负反馈放大电路环路增益 AF 的相位条件和幅度条件不能同时满足,则该电路便不会产生自激振荡。工程上,用环路增益 AF 的频率特性来判断负反馈放大电路能否稳定地工作。

图 13-21 所示为两个负反馈放大电路环路增益 AF 的频率特性。图 13-21(a) 所示曲线,在满足自激振荡相位条件处($\varphi=-180°$),设 $f=f_1$,由于 $|AF|>1$,说明满足产生自激振荡的条件,故电路不能稳定地工作。

图 13-21(b)所示曲线,在 $\varphi=-180°$ 时,由于 $|AF|<1$,则不会产生自激振荡。在幅频曲线穿越横轴处($|AF|=0$ dB),设 $f=f_c$,由于 $\varphi<-180°$,故不满足自激振荡的相位条件。所以,具有图 13-21(b)所示环路增益频率特性的负反馈放大电路不会产生自激振荡,该电路可以稳定工作。

综上,根据 AF 的频率特性判断负反馈放大电路是否稳定的方式是:若不存在 f_1,则电路稳定。存在 f_1 时,若 $f_c>f_1$,则电路能产生自激振荡;若 $f_c<f_1$,则电路不会产生自激振荡。

在 $f_c<f_1$ 时,为确保电路不会产生自激振荡,要求电路应留有裕度。定义 $f=f_1$ 处 $|AF|$ 的分贝值为增益裕度(gain margin),如图 13-21(b)中幅频特性所示

$$G_m = 20\lg|AF|_{f=f_1} \tag{13-19}$$

其中 $G_m<0$ dB,一般情况下,$G_m<-10$ dB 就认为该电路具有了足够的稳定性。

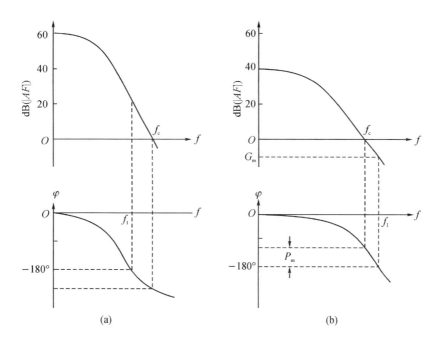

图 13-21 两个负反馈电路环路增益的频率特性

定义 $f = f_c$ 时 φ 要到达 $-180°$ 间的角度为相位裕度(phase margin),如图 13-21(b)所示相频特性中的标注

$$P_m = \varphi\big|_{f=f_c} + 180° \qquad (13-20)$$

稳定负反馈放大电路的 $P_m > 0$。一般情况下,$P_m > 45°$ 就认为该电路具有了足够的稳定性。

综上,只有当 $G_m < -10\,dB$ 且 $P_m > 45°$ 时,才认为负反馈放大电路具有可靠的稳定性。对于可能产生自激振荡的反馈放大电路,采用相位补偿的方法可以消除自激振荡。通常是在放大单元电路中加入 RC 相位补偿网络,改善放大电路的频率特性,破坏自激振荡的条件。相位补偿方法有多种,这里介绍最简单的电容滞后补偿和密勒补偿。

设反馈网络是纯电阻网络,放大单元为三级直接耦合放大电路(如集成运放),"补偿前" AF 的幅频特性如图 13-22(a)所示。在电路中找出决定曲线最低拐点 f_{H1} 的那一级,加补偿电容,如图 13-22(b)所示,其中:R_C 为前级输出电阻,R_{in2} 为后级输入电阻,C_1 为本级放大电路的输出电容和下级输入电容的等效电容,C 为补偿电容,加补偿电容后的上限截止频率为

$$f'_{H1} = \frac{1}{2\pi(R_C \mathbin{/\mkern-5mu/} R_{in2})(C_1 + C)}$$

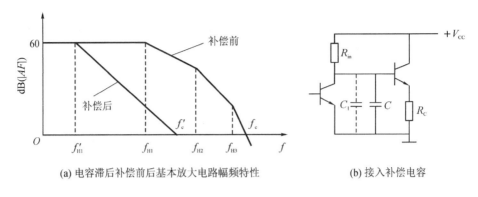

(a) 电容滞后补偿前后基本放大电路幅频特性　　　　　　(b) 接入补偿电容

图 13 - 22　电容滞后补偿

　　由图可以看出，补偿前，放大电路幅频特性在零分贝频率 f_c 以内具有三个拐点（即三个上限频率 f_{H1}、f_{H2}、f_{H3}），φ 可达 $-270°$。在这一范围内，有可能满足自激振荡的相位条件。补偿后，f_c' 以内只有一个拐点，φ 不超过 $-90°$，不可能满足自激振荡的相位条件。由于电容 C 的接入使滞后的相移更加滞后，所以称为电容滞后补偿。

　　电容滞后补偿需要比较大的补偿电容，不便于在集成电路中实现。实际中采用在放大级输入与输出间跨接电容 C，称为密勒补偿，如图 13 - 23(a) 所示。电容 C 在 A_2 输入端等效为一个很大的接地电容，达到了滞后补偿的目的。例如通用集成运放 $\mu A741$ 中的相位补偿就采用了这种方式（如图 13 - 23(b) 所示），跨接电容 30 pF，假定 A_2 电压增益为 10^3，这相当于在 A_2 输入端与地间接入了一个 30×10^3 pF 的大电容。

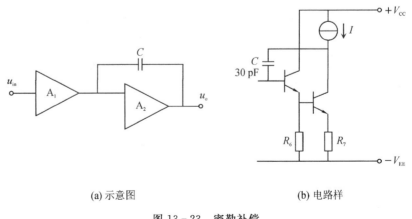

(a) 示意图　　　　　　　　　　　(b) 电路样

图 13 - 23　密勒补偿

13.5　跨阻运算放大器简介

传统集成运算放大器均以电压为输入输出信号,它将同相输入端和反相输入端间的差模电压逐级放大,得到输出电压,称为电压运算放大器或电压反馈运算放大器(voltage feedback operational amplifier,VFA)。20 世纪 80 年代,出现了以电流为输入、电压为输出的放大器,称为跨阻运算放大器,文献中多称为电流反馈运算放大器(current feedback operational amplifier,CFA)(注:该名称与与前文中所说的"电流反馈"涵义不同)。

跨阻运算放大器的工作速度很高(转换速率 $S_R > 2000$ V/μs),电源电压可低至 3.3 V 或 1.5 V,具有动态范围宽、非线性失真小、温度稳定性好、抗干扰能力强等优点,并且在带宽、线性度和精度等方面均有非常高的性能,广泛应用于高速数据采集系统的信号预处理、高速视频及图像处理、光信号处理等场合。跨阻运算放大器最显著的特点是在一定范围内,具有与闭环增益无关的近似恒定带宽。

跨阻运算放大器也有 3 个信号端,分别为电压输入端(同相输入端)、电流输入端(反相输入端)和电压输出端,如图 13-24 所示。由图,一个单位增益缓冲器连接电压输入端与电流输入端,电压输入端的输入阻抗非常大,在 MΩ 量级,电流输入端的输入电阻 r_{in}(也是单位增益缓冲器的输出电阻)很小,阻值不超过 100 Ω。跨阻运算放大器内部将输入电流 i 传递到高阻抗结点 Z,产生对地的电压。等效电阻 R_Z 约为几兆欧(MΩ),理想情况下可认为是无穷大,C_Z 为 Z 点对地的等效电容,一般只有几皮法(pF)。Z 点电压再经单位增益缓冲器提供输出电压。

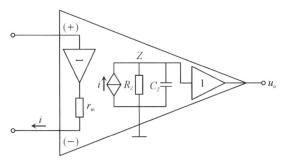

图 13-24　跨阻运算放大器的简化等效电路

与电压运算放大器不同,跨阻运算放大器的两个输入端并不是对称的,其中同相端的阻抗大,而反相端的阻抗小。

跨阻运算放大器输出电压 $\dot{U}_o$ 与反相端电流 $\dot{I}$ 之比称为它的开环增益,量纲为 Ω,开环增益 A 为

$$A = \frac{\dot{U}_o}{\dot{i}} = \frac{R_z}{1 + j\omega R_z C_z} \qquad (13-21)$$

若 $R_z=3\text{ M}\Omega$, $C_z=4.5\text{ pF}$, 可计算出其截止频率大约为 12 kHz。

图 13-25 所示为由跨阻运算放大器组成的反相比例器电路, 下面分析其电压增益的频率响应。

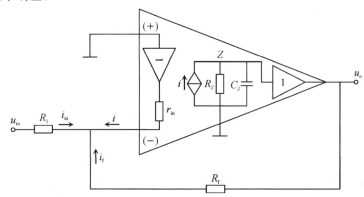

图 13-25　跨阻运算放大器组成的反相比例器

为简化公式推导, 假设 $r_{in}=0$。由图 13-25 所示电路可判断出它为电压并联负反馈结构, 其中反馈系数

$$F = \frac{\dot{I}_f}{\dot{U}_o} = \frac{1}{R_f}$$

则

$$\frac{\dot{U}_o}{-\dot{I}_{in}} = \frac{A}{1+AF} = \frac{\frac{1}{F}}{1+\frac{1}{AF}}$$

由于 $\dot{U}_{in}=R_1\dot{I}_{in}$, 则闭环电压增益为

$$\frac{\dot{U}_o}{\dot{U}_{in}} = -\frac{1}{R_1} \cdot \frac{\frac{1}{F}}{1+\frac{1}{AF}} = -\frac{R_f}{R_1} \cdot \frac{1}{1+\frac{R_f}{A}}$$

将上式代入式(13-21), 得闭环电压增益近似为

$$\frac{\dot{U}_o}{\dot{U}_{in}} \approx -\frac{R_f}{R_1} \cdot \frac{1}{1+j\omega R_f C_z} \qquad (13-22)$$

则它的上限频率为

$$f_H = \frac{1}{2\pi R_f C_z} \qquad (13-23)$$

由此可见,该比例运算电路的上限频率仅与反馈电阻 R_f 和电容 C_z 有关。当 R_f 一定时,改变电阻 R_1 的大小可改变电压增益,而上限频率基本不变,即频带宽度不会随着电压增益的变化而发生改变。这一点,与电压运算放大器电路的增益带宽乘积为常量的概念完全不同。跨阻运算放大器最显著的特点是在一定范围内,带宽近似恒定,与闭环增益几乎无关。

例 13 - 9　图 13 - 26 所示电路为跨阻运算放大器 AD844 组成的反相比例运算电路,其中 $C_z=4.5$ pF。试求该电路的上限频率 f_H,并绘制当 $R_1=100\ \Omega$ 和 $R_1=1$ kΩ 时的幅频特性。

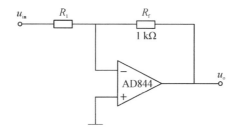

图 13 - 26　反相比例运算电路

解　该电路的上限频率为

$$f_H = \frac{1}{2\pi R_f C_Z} = \frac{1}{2\pi \times 1\ \text{k}\Omega \times 4.5\ \text{pF}} = 35.4\ \text{MHz}$$

其幅频特性如图 13 - 27 所示。可见,当 R_1 从 100 Ω 变为 1 kΩ 时,尽管通带增益从 20 dB 变为 0 dB,但频带宽度几乎不变。

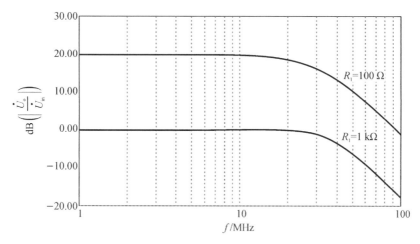

图 13 - 27　例 13 - 9 电路的幅频特性

由于跨阻运算放大器的两个输入端电路不对称,所以同相输入和反相输入的电路性能有所差别。为了保证同相输入时运算放大器仍具有较高的转换速率,常对输入信号加以限制。如 AD844 要求信号的幅值在 1 V 以下,且电路的增益在 10 倍以上。若要在高增益下增加带宽,也可以在电阻 R_1 上并联一个电容,如图 13 - 28 所示。

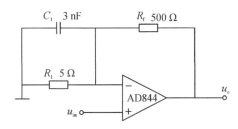

图 13 - 28   跨阻运算放大器组成的同相比例运算电路

常用的跨阻运算放大器有 AD 公司的 AD812、AD844、AD846、AD8001、LT1206、LT1223 等,ELANTEC 公司的 EL2260C、EL2270C、EL2460C 等。以 LT1223 为例,跨阻运算放大器还可以与外围电路组成可调增益放大器、可调带宽放大器、积分电路、加法电路、差分输入放大电路等。

应用跨阻运算放大器时注意:

(1)跨阻运算放大器主要应用于高速和低失真场合,而且供电电源的电压相对比较小。

(2)跨阻运算放大器的带宽与反馈电阻有关,对应于最大带宽,每一型号的跨阻运算放大器都有一个反馈电阻的推荐值,如果反馈电阻的阻值比它大,带宽就会减小;如果反馈电阻的阻值比它小,相位裕度就会减小,有可能导致放大器不稳定。因此,跨阻运算放大器对反馈电阻的选取有限制,不像电压运算放大器那样灵活。

(3)在正确选用反馈电阻的情况下,通过改变电阻 R_1 可以得到所期望的闭环增益。

(4)在反馈环中不要使用电容。高频时,反馈电容会降低反馈阻抗,从而引起电路振荡。反相端的寄生电容会产生类似的效应,应尽可能减小。

(5)不能通过把输出端与反相端短路的方式来实现电压跟随器,这会使电路发生振荡。实现电压跟随器的电路其实很简单,在正确连接上反馈电阻的情况下,将输入电压施加于同相端,则反相端电压近似等于同相端电压。

(6)跨阻运算放大器的电压转换速率很高,它只与内部寄生电容的大小有关。

习题 13

13-1　选择合适的答案填入空内。

(1)在放大电路中,开环是指(　　)。

A. 无信号源　　　B. 无反馈通路　　　C. 无电源　　　D. 无负载

(2)直流负反馈是指(　　)。

A. 直接耦合放大电路中引入的负反馈

B. 只有放大直流信号时才有的负反馈

C. 在直流通路中的负反馈

(3)交流负反馈是指(　　)。

A. 阻容耦合放大电路中引入的负反馈

B. 只有放大交流信号时才有的负反馈

C. 在交流通路中的负反馈

13-2　某负反馈放大电路的开环增益 $A=50$,反馈系数 $F=0.02$,试问闭环增益 A_f 为多少? 若开环增益 A 为 500,此时闭环增益 A_f 又为多少?

13-3　某负反馈放大电路开环增益 A 的相对变化量为 10%,要求闭环增益 A_f 的相对变化量不超过 0.5%,当闭环增益 $A_f=150$ 时,试问 A 和 F 分别应选多大?

13-4　一个负反馈放大电路的开环增益 $A=1000$,当其变化范围为 ±100 时,若要求闭环增益 A_f 的变化小于 $\pm0.1\%$,试求反馈系数 F 和闭环增益 A_f。

13-5　某放大电路的中频开环增益 $A_m=1000$,其上、下限截止频率分别为 $f_H=100\,kHz$ 和 $f_L=110\,Hz$。今给其接入反馈系数为 $F=0.01$ 的反馈网络,试问加入反馈后的上、下限截止频率 f_{Hf} 和 f_{Lf} 分别为多少?

13-6　判断下列说法是否正确;如果不正确,请指出说法中的错误。

(1)在输入量不变的情况下,若引入反馈后,净输入量减小,则说明引入的反馈是负反馈。

(2)放大电路中引入的负反馈越强,电路的电压增益就越稳定。

(3)为了稳定静态工作点,应引入直流负反馈。

(4)既然电流负反馈能够稳定输出电流,那么必然也可以稳定输出电压;既然电压负反馈能够稳定输出电压,那么必然也可以稳定输出电流。因此,电流负反馈和电压负反馈没有本质区别。

13-7　判断题 13-7 图所示电路中是否引入了反馈;如果引入了反馈,判断是正反馈还是负反馈;如果引入了负反馈,判断其组态。

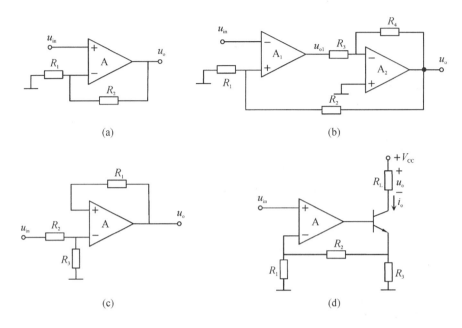

题 13-7 图

13-8　分别估算题 13-7 图中(a)、(b)、(d)所示各电路中闭环增益 A_f,对于不是电压串联负反馈的电路应求出闭环电压增益 A_{uf}。

13-9　以集成运放作为放大单元,引入合适的负反馈,分别达到下列目的,要求画出电路图来。
(1)实现电流/电压转换电路;
(2)实现电压/电流转换电路 ;
(3)实现输入电阻高、输出电压稳定的电压放大电路;
(4)实现输入电阻低、输出电流稳定的电流放大电路。

13-10　电路如题 13-10 图所示,试将反馈电阻 R_f 添加到电路中,以满足下列要求:
(1)使电路的输入电阻减小,并稳定输出电压 u_o;
(2)使电路的输入电阻增大,并稳定输出电流 i_o。

13-11　题 13-11 图所示电路,已知集成运放的参数如下:电压增益 A,输入电阻 r_{in},输出电阻 r_o,正负饱和输出电压为 ± 13 V。
(1)说明该电路的组态类型,并求出其闭环电压增益 A_f、输入电阻和输出电阻。
(2)当输入电压 $u_{in}=1$ V 时,输出电压 u_o 为多少?

(3)当输入电压 $u_{in}=1$ V 时,讨论当 R_1 短路和开路时,输出电压 u_o 分别为多少?

(4)当输入电压 $u_{in}=1$ V 时,讨论当 R_2 短路和开路时,输出电压 u_o 分别为多少?

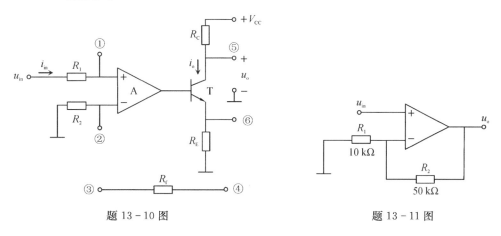

题 13-10 图　　　　　　　　　　　　　　题 13-11 图

13-12　某负反馈放大电路的环路增益 AF 的对数幅频特性如题 13-12 图所示。

(1)试判断该电路是否会产生自激振荡,简述理由。

(2)若电路产生了自激振荡,则应采取什么措施。

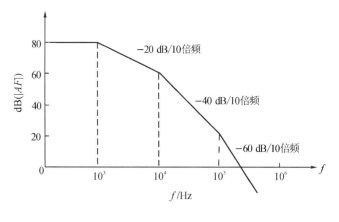

题 13-12 图

13-13　某跨阻运算放大器组成如题 13-13 图所示电路,运算放大器内部等效电容 $C_Z=4.5$ pF。

(1)求电路上限频率 f_H,并绘制电路的幅频特性;

(2)若电阻 $R_1 = 50\ \Omega$,电路的频带宽度是否会发生变化? 绘制幅频特性加以说明;

(3)若电阻 $R_f = 50\ \Omega$,电路的频带宽度是否会发生变化? 为什么?

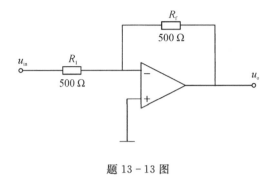

题 13-13 图

13-14　使用跨阻运算放大器可实现同相比例运算,设开环增益的截止角频率为 ω_c,试分析其闭环电压增益的带宽。

第 14 章　信号发生电路

在测量、自动控制和通信等许多领域常常需要各种波形的信号作为测试信号或控制信号。例如,在测量放大电路的性能指标时需要给电路输入正弦波信号;又如,在进行一阶和二阶电路的瞬态分析时需要给电路输入方波信号;等等。这些不同的波形信号是由振荡电路产生的。产生振荡电路的电子设备被称为信号源或者信号发生器,它在生产实践和科技领域有着广泛的应用,也是学校实验室的必备仪器设备之一。

按照产生输出波形原理的不同,振荡电路可分为正弦波电路和非正弦波电路,本章介绍振荡电路的组成和工作原理。

14.1　RC 桥式正弦波振荡电路

在负反馈放大电路中,由于附加相移的影响,有可能把原本的负反馈放大电路变成正反馈,此时,若反馈环路增益满足一定条件,就会产生自激振荡。而正弦波振荡电路正是利用这种自激振荡原理,在没有外加输入信号的情况下,依靠电路自激振荡产生一定频率和振幅的正弦波信号。

正弦波振荡电路的振荡原理是源于负反馈放大电路的自激振荡,因此正弦波振荡电路首先要有放大电路和反馈网络,其中放大电路可由晶体管或者集成运算放大器等有源器件组成,反馈网络需引入正反馈以满足振荡条件,同时为了实现可控输出频率而在引入正反馈时外加选频网络。

产生自激振荡的条件可以从图 14-1 所示的方框图说明。假定先将开关 S 打向位置 1,输入为一定频率、一定振幅的正弦波信号 x_in,经放大单元放大后,得到输出信号 x_o,这个信号再经过反馈网络,在反馈网络的输出端得到 x_f。当反馈信号与输入信号完全相同时,再将开关 S 打向位置 2,用反馈信号代替输入信号,则可在输出端继续维持原有的输出,即电路具有自激振荡输出的特征。

假设图 14-1 中各信号均为正弦量,运用相量法,并设放大单元的增益是 A,反馈网络的反馈系数是 F,即 $\dot{X}_\text{o}=A\dot{X}_\text{in}$,$\dot{X}_\text{f}=F\dot{X}_\text{o}$,因此,自激振荡的平衡条件为

$$AF = 1 \tag{14-1}$$

即环路增益 AF 等于 1,其幅度和相位分别满足

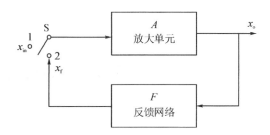

图 14-1 正弦波自激振荡的方框图

幅度平衡条件： $\qquad |AF|=1 \qquad$ (14-2)

相位平衡条件： $\qquad \arg(AF)=2n\pi, n=0, \pm 1, \pm 2, \cdots \qquad$ (14-3)

实际振荡电路中并不存在上面所假设的输入信号,那么振荡如何才能建立起来呢? 在接通供电电源时,电路就会产生电压或电流的瞬变过程,此时,会产生一个扰动电压,即使这些扰动电压很微小,但它包含着各频率分量。式(14-3)是能够维持自激振荡的首要条件,对满足该式条件频率的信号分量,当 $|AF| < 1$ 时电路为减幅振荡,电路最终会停止振荡;当 $|AF| > 1$ 时,振荡电路的振幅随时间推移会逐步增大,当其增大到一定程度时,受电路非线性特性的影响,放大单元的增益会降低,最终自动满足幅度平衡条件 $|AF|=1$,振荡电路的起振和稳幅过程如图 14-2 所示。

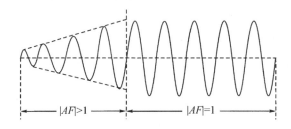

图 14-2 振荡电路的起振和稳幅示意图

为了既能达到振荡电路起振和稳幅,又能改善输出信号的非线性失真,最好的方法应该是在放大单元还未进入强非线性工作区时就设法使 $|AF| > 1$ 逐渐转化为 $|AF|=1$ 。所以,一个性能好的正弦波振荡器不仅要有放大单元和选频网络,还应该具有合适的稳幅环节。常用的方法是,在放大单元中设置合适的非线性负反馈环节,如热敏电阻、半导体二极管、钨丝灯泡等,使放大单元未进入强非线性区时,电路能够自动满足幅度平衡条件,维持等幅振荡输出。

从以上分析可知,正弦波振荡电路必须由以下 4 个部分组成。

（1）放大单元：保证电路能够从起振到振幅逐渐增大直至动态平衡的过程，使电路输出一定振幅的电压。

（2）反馈网络：满足相位平衡条件，使放大电路的输入信号等于反馈信号。

（3）选频网络：选出电路的振荡频率，使得电路输出单一频率的正弦波信号。按照选频网络的不同，正弦波振荡电路分为 RC 型、LC 型和石英晶体正弦波振荡电路。

（4）稳幅环节：通过非线性元件使输出信号振幅稳定。

采用 RC 选频网络构成的振荡电路称为 RC 正弦波振荡电路，它又可分为桥式振荡电路和移相式振荡电路，其中前者结构简单，制作调试方便，更为常用。

如图 14 - 3(a)所示网络由 2 个电阻和 2 个电容组成，可用于振荡电路的反馈网络，并完成选频作用。

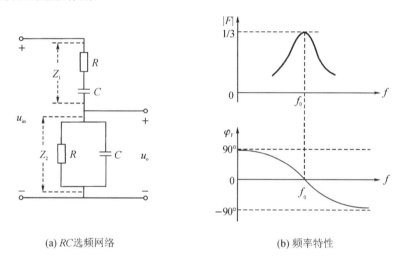

(a) RC 选频网络　　　　　　(b) 频率特性

图 14 - 3　RC 选频网络的频率特性

令 $Z_1 = R + 1/(j\omega C)$，$Z_2 = R /\!/ (1/j\omega C)$，则该网络的频响函数为

$$F = \frac{\dot{U}_o}{\dot{U}_{in}} = \frac{Z_2}{Z_1 + Z_2} = \frac{1}{Z_1 Y_2 + 1}$$

求得

$$F = \frac{1}{3 + j\left(\omega RC - \dfrac{1}{\omega RC}\right)} \tag{14-4}$$

令

$$f_0 = \frac{1}{2\pi RC} \tag{14-5}$$

则式(14 - 4)可写为

$$F = \frac{1}{3 + j\left(\dfrac{f}{f_0} - \dfrac{f_0}{f}\right)} \tag{14-6}$$

上式的幅度和相位分别为

$$\begin{cases} |F| = \dfrac{1}{\sqrt{9 + \left(\dfrac{f}{f_0} - \dfrac{f_0}{f}\right)^2}} \\ \varphi_F = -\arctan\left[\dfrac{1}{3}\left(\dfrac{f}{f_0} - \dfrac{f_0}{f}\right)\right] \end{cases}$$

其频率特性如图 14-3(b)所示。可看出，在 $f=f_0$ 处，相位为零，幅度最大，为 $\dfrac{1}{3}$。由此可知，选频网络能够选出 $f=f_0$ 的信号。

　　RC 桥式正弦波振荡电路如图 14-4 所示。其中，R_1、R_f 与集成运放组成同相比例器，为振荡电路的放大单元，RC 串联与并联组成振荡电路的反馈网络，并具有选频作用。在 $f=f_0$ 处，选频网络的 u_f 与 u_o 同相，所以满足式(14-3)的相位平衡条件。由于 $f_0=1/(2\pi RC)$，因此，可利用双联电位器或双联电容来改变振荡频率。

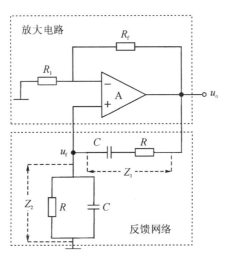

图 14-4　RC 桥式正弦波振荡电路

　　根据起振条件 $|AF|>1$，只要放大单元的电压增益 $A>3$，即可满足起振条件，所以

$$1 + \frac{R_f}{R_1} > 3$$

即

$$R_f > 2R_1$$

为了既使电路起振,又使得在电路达到平衡时输出波形失真较小,R_f 的取值通常略大于 $2R_1$。考虑稳幅措施,可选用正温度系数的热敏电阻 R_T 替代 R_1,如图 14-5(a)所示。当 u_o 增大时,流过 R_T 和 R_f 的电流增大,导致 R_T 温度升高、阻值增大,使得电压增益 A 减小,从而起到了稳幅的作用。当然,也可以选用负温度系数的热敏电阻 R_T 替代 R_f。另外,也可以给 R_f 串联两个反向并联的二极管,如图 14-5(b)所示。这里利用了二极管电流增大而其电阻减小的特点来稳定振幅。

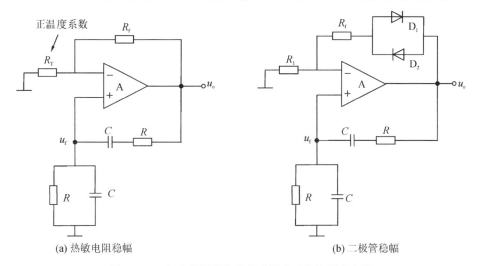

(a) 热敏电阻稳幅　　　　　　　　　　　　(b) 二极管稳幅

图 14-5　加入稳幅措施的 RC 桥式正弦波振荡电路

例 14-1　RC 桥式正弦波振荡电路如图 14-4 所示,$R=1\,\text{k}\Omega$,$C=0.01\,\mu\text{F}$,$R_1=1\,\text{k}\Omega$,试求电路的振荡频率,以及满足起振条件的电阻 R_f 的值。

解　根据式(14-5),振荡频率为

$$f_0 = \frac{1}{2\pi RC} = \frac{1}{2\pi \times (1 \times 10^3) \times (0.01 \times 10^{-6})}\,\text{Hz} = 15.9\,\text{kHz}$$

由于 RC 振荡电路的起振条件为 $|AF| > 1$,可得 $R_f > 2\,\text{k}\Omega$。

受运算放大器特性限制,RC 桥式正弦波振荡电路的振荡频率一般在 1 MHz 以下,常用于音频,如需要更高频率的正弦波,放大单元一般用晶体管,而且常采用谐振电路实现选频。

14.2　LC 正弦波振荡电路

用谐振网络实现选频的振荡电路称为 LC 正弦波振荡电路,主要用来产生

1 MHz 以上的正弦信号。根据反馈形式的不同,可分为变压器反馈式、电感三点式和电容三点式正弦波振荡电路。

若将 LC 并联谐振电路作为单管共射放大电路的集电极负载,如图 14 - 6 所示。R_{B1}、R_{B2} 为基极固定分压偏置电阻,C_B、C_C 为耦合电容,C_E 为旁路电容,LC 并联的谐振频率为

$$f_0 = \frac{1}{2\pi \sqrt{LC}}$$

谐振时集电极的阻抗模最大,其输出电压振幅也最大,因此,该电路为选频放大电路。另外,谐振电路的品质因数为

$$Q = R\sqrt{\frac{C}{L}}$$

通常 $Q \gg 1$,一般在几十到几百范围内。

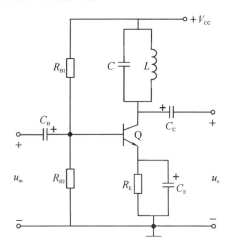

图 14 - 6　LC 选频放大电路

1. 变压器反馈式 LC 正弦波振荡电路

变压器反馈式正弦波振荡电路如图 14 - 7 所示。晶体管 Q 为共射极放大,变压器一次绕组的等效电感 L 与电容 C 组成并联谐振电路,作为晶体管的集电极负载。变压器二次绕组 N_2 构成反馈网络,将信号反馈至放大电路的输入端,二次绕组 N_3 接负载 R_L。

首先将反馈点 P 断开,设在晶体管的基极施加输入电压 u_b,由于 LC 并联谐振电路在谐振频率 f_0 时呈现电阻性,由共射放大电路可知,集电极信号电位与基极信号电位反相,集电极信号经由变压器一次绕组 N_1 将①端信号传递至二次绕组

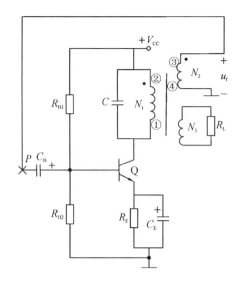

图 14-7　变压器反馈式 LC 振荡电路

N_2,在③端得到反馈信号 u_f。由图可知,二次绕组③端与一次绕组①端为异名端,它们的相位相反,则 u_f 与 u_b 同相,电路为正反馈,满足相位平衡条件。

为了满足自激振荡的起振条件 $|AF|>1$,一方面可以调节变压器匝数,得到一定的反馈系数 F,另一方面选择晶体管适当的工作点电流,使选频放大电路的增益足够大,这样就可以做到 $|AF|>1$,满足自激振荡的起振条件。当振幅大到一定程度时,晶体管的非线性特性会使增益 A 减小,直到满足 $|AF|=1$ 为止。

变压器反馈式正弦波振荡电路易于起振,频率调节方便,但缺点是依靠磁耦合提供反馈电压,损耗较大,且输出波形失真大,频率稳定性不高。

例 14-2　变压器反馈式正弦波振荡电路如图 14-8(a)所示,图中 C_B 为旁路电容,C_1 为耦合电容,为使电路产生正弦波振荡,试标出变压器一次绕组和二次绕组的同名端。

解　为使电路产生正弦波振荡,电路必须满足相位平衡条件,即电路必须为正反馈。为了正确分析反馈形式,可画出交流通路,C_B、C_1 对交流信号均可视为短路,如图 14-8(b)所示。

由图,晶体管 Q 为共基极放大。若将 P 点断开,在晶体管发射极施加输入信号 u_e,则集电极电位与发射极电位同相。为使电路构成正反馈,变压器二次绕组获得的反馈电压 u_f 应该与集电极电位同相,因此变压器一次绕组①端与二次绕组③端为同名端,如图 14-8(b)所示。

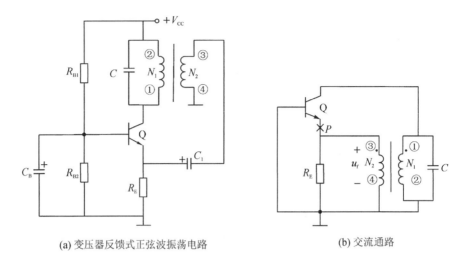

(a) 变压器反馈式正弦波振荡电路　　　　　　　(b) 交流通路

图 14-8　例 14-2 电路图

2. 电感三点式正弦波振荡电路

电感三点式振荡电路又称哈特莱振荡器,其电路如图 14-9 所示。该电路等同于把图 14-7 中 N_1 接电源的一端与 N_2 接地的一端相连,作为中间抽头,克服了变压器反馈式振荡电路一次绕组和二次绕组线圈耦合不紧密的缺点,而电容 C 跨接在整个线圈两端,不仅可以组成 LC 并联选频网络,还可以加强谐振效果。由图 14-9(b)的交流通路可以看出,电感线圈的三个端子分别与晶体管的三个端子相连,所以称之为电感三点式振荡电路,或电感反馈式振荡电路。

由图 14-9(b),晶体管 Q 为共射极放大,在 P 点断开反馈,设在晶体管基极施加输入信号 u_b,则集电极信号与 u_b 反相,由于线圈③端与①端为异名端,故而反馈信号 u_f 与集电极信号也反相,则 u_f 与 u_b 同相,电路为正反馈。

电感三点式正弦波振荡电路只要适当选取 N_2/N_1 的数值,即改变线圈抽头的位置就可以使电路起振,一般取反馈线圈的匝数为电感线圈总匝数的 $1/8 \sim 1/4$ 即可起振。同理,晶体管 Q 的非线性特性使该电路具有自动稳幅的能力。

设 N_1 的电感为 L_1,N_2 的电感为 L_2,N_1 与 N_2 间的互感为 M,该电路的振荡频率近似为

$$f_0 \approx \frac{1}{2\pi \sqrt{(L_1 + L_2 + 2M)C}} \tag{14-7}$$

电感三点式振荡电路 L_1、L_2 之间耦合紧密,调节电容可获得较宽频率的振荡信号,最高可达到几十兆赫(MHz)。但是由于反馈信号取自线圈 N_2 两端,对高次谐波呈现高阻抗,因此振荡电路输出信号中的高次谐波较多,信号波形较差。

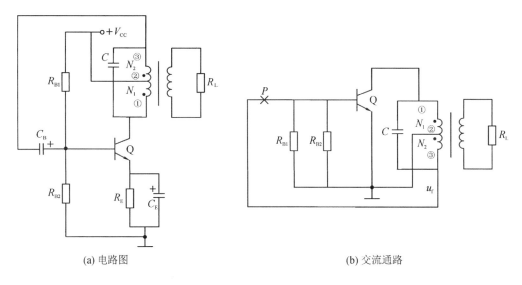

(a) 电路图　　　　　　　　　　　　　　(b) 交流通路

图 14 - 9　电感三点式正弦波振荡电路

例 14 - 3　根据相位平衡条件,判断图 14 - 10(a)所示电路能否产生自激振荡,图中 C_B 为旁路电容,C_1 为耦合电容。若不能产生振荡,请加以改正,要求不能改变放大电路的基本接法。

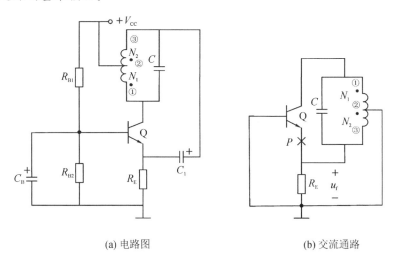

(a) 电路图　　　　　　　　　　　　　　(b) 交流通路

图 14 - 10　例 14 - 3 电路

解　电路的交流通路如图 14 - 10 (b)所示,晶体管 Q 是共基极放大。断开 P 点,设在晶体管发射极施加输入信号,则集电极电压与发射极电压同相,由于线圈

③端与①端为异名端,它们的电位反相,说明 u_f 与发射极信号反相,为负反馈,不满足相位平衡条件。

为使电路构成正反馈,可将线圈抽头②端电压作为反馈信号,③端接到供电电源端,如图 14-11(a)所示。修正后的交流通路如图 14-11(b)所示,该电路可以自激振荡。

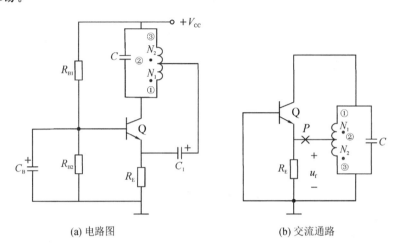

(a) 电路图　　　　　　　　　(b) 交流通路

图 14-11　例 14-3 修正后的电路

3. 电容三点式振荡电路

电容三点式振荡电路又称考毕兹振荡电路,如图 14-12 所示。电容 C_1、C_2 和电感 L 构成选频网络,反馈信号取自电容 C_2 两端电压,故称之为电容三点式振荡电路或电容反馈式振荡电路。

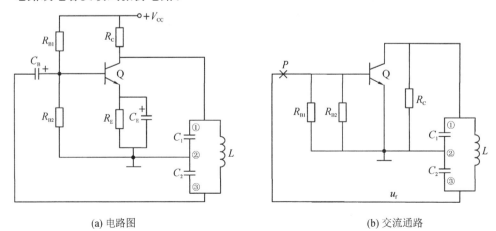

(a) 电路图　　　　　　　　　(b) 交流通路

图 14-12　电容三点式振荡电路

由图 14-12(b)，晶体管 Q 为共射极放大，在 P 点断开反馈支路，在晶体管基极施加输入信号 u_b，集电极电位与 u_b 反相，反馈信号 u_f 由③端引出，它与①端相位相反，说明 u_f 与 u_b 同相，故满足相位平衡条件。只要适当选取 C_1 和 C_2 的比值，使反馈系数 F 合适，并使放大电路有足够的增益，电路就能够起振。振荡频率近似为

$$f_0 \approx \cfrac{1}{2\pi \sqrt{L\cfrac{C_1 C_2}{C_1 + C_2}}} \tag{14-8}$$

当改变 C_1 或 C_2 来调节振荡频率时，同时会改变反馈系数的大小，影响起振条件，因此调节这种振荡电路的振荡频率很不方便，只适合用在固定振荡频率的场合。不过，电容三点式振荡电路的正反馈信号取自电容 C_2 两端，C_2 对高次谐波呈现较小的阻抗模，使得反馈信号中高次谐波的分量小，故输出信号的波形较好。

例 14-4　电容三点式振荡电路如图 14-12(a)所示，其中 $C_1 = 0.001\ \mu F$，$C_2 = 0.01\ \mu F$，$L = 15\ \mu H$，求该电路的振荡频率。

解　根据式(14-8)可得

$$f_0 \approx \cfrac{1}{2\pi \sqrt{L\cfrac{C_1 C_2}{C_1 + C_2}}} = \cfrac{1}{2\pi \sqrt{15\ \mu H \times \cfrac{0.001\ \mu F \times 0.01\ \mu F}{0.001\ \mu F + 0.01\ \mu F}}} = 1.36\ MHz$$

14.3　石英晶体正弦波振荡电路

在工程实践中，对频率稳定度要求高时，通常采用石英晶体振荡电路，其频率稳定度可高达 $10^{-9} \sim 10^{-11}$ 数量级。石英晶体的主要成分是 SiO_2，是一种各向异性的结晶体。从一块晶体上以一定方位角切成晶片，在晶片的两面涂上银层，再焊上引线固定在封装外壳的引脚上，就制成了石英晶体。其结构示意图和电路符号如图 14-13 所示。

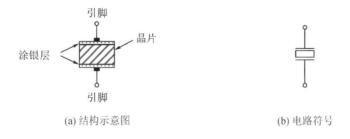

(a) 结构示意图　　　　　　　　　　(b) 电路符号

图 14-13　石英晶体结构示意图以及电路符号

当在晶片的两个电极之间加交变电压时,晶片就会产生机械形变形成机械振动,同时,此机械振动又会产生交变电场,这种机电相互转换的物理现象称为压电效应。在一般情况下,晶片的机械振动和交变电场都比较小,但如果外加的交变电压的频率与晶片的固有机械振动频率相等的时候,机械振动的振幅将急剧增大,从而发生谐振。因此,石英晶体又称为石英晶体谐振器,简称晶振。石英晶体的固有频率与晶体的外形、尺寸和切割方向有关,晶体的体积越小,振荡频率越高。

石英晶体的谐振现象与 LC 串联的谐振现象类似,所以可将石英晶体等效为图 14-14(a) 所示。当石英晶体不振动时,可等效为平板电容器,用 C_0 表示,称为静态电容,其值取决于晶片的几何尺寸和电极面积,一般约为 1~10 pF。当晶片产生振动时,电感 L 模拟机械振动的惯性,其值较大,一般约为 10^{-3}~10^2 H;电容 C 模拟晶片的弹性,其值较小,约 0.01~0.1 pF;电阻 R 模拟晶片振动时的摩擦损耗,约几欧姆到几百欧姆。

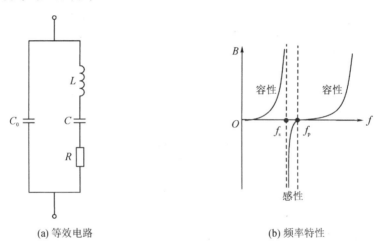

(a) 等效电路　　　　　　　　　　(b) 频率特性

图 14-14　石英晶体的等效电路及频率特性

若忽略 R,可得等效导纳

$$Y = \mathrm{j}\omega C_0 + \frac{1}{\mathrm{j}\omega L + \dfrac{1}{\mathrm{j}\omega C}} = \mathrm{j}\,\frac{\omega(C + C_0 - \omega^2 LCC_0)}{1 - \omega^2 LC} \qquad (14-9)$$

根据式(14-9)可画出石英晶体电纳的频率特性曲线如图 14-14(b) 所示。它有两个固有频率,当式(14-9)分母为零时晶体发生串联谐振,串联谐振频率 f_s 为

$$f_s = \frac{1}{2\pi \sqrt{LC}} \qquad (14-10)$$

当式(14-9)分子为零时晶体发生并联谐振,并联谐振频率 f_p 为

$$f_\mathrm{p} = \frac{1}{2\pi\sqrt{L\dfrac{CC_0}{C+C_0}}} = f_\mathrm{s}\sqrt{1+\frac{C}{C_0}} \qquad (14-11)$$

可以看出，$f_\mathrm{s}<f_\mathrm{p}$，同时，由于 $C\ll C_0$，所以串联谐振频率和并联谐振频率很接近。由电纳频率特性曲线可知，当 $f_\mathrm{s}<f<f_\mathrm{p}$ 时，石英晶体呈感性；当 $f<f_\mathrm{s}$ 或 $f>f_\mathrm{p}$ 时，石英晶体呈容性。品质因数

$$Q \approx \frac{1}{R}\sqrt{\frac{L}{C}}$$

由于 C 和 R 的数值都很小，电感量 L 很大，所以 Q 值极高，可达 $10^4\sim10^6$。

将石英晶体作为高 Q 值谐振电路接入正反馈网络，就组成了石英晶体正弦波振荡电路。根据石英晶振在振荡电路的作用，石英晶体振荡电路分为两类：①作为电阻接于正反馈支路，石英晶体工作在串联谐振频率上，此时电路被称为串联型石英晶体正弦波振荡电路；②作为等效电感用在三点式电路中，此时电路被称为并联型石英晶体正弦波振荡电路。

串联型石英晶体正弦波振荡电路如图 14-15 所示。图中，电容 C_B 为旁路电容，由晶体管 Q_1 和 Q_2 组成两级放大电路，第一级为共基极放大，第二级为共集电极放大，由此可得出，Q_2 发射极电位与 Q_1 发射极电位的相位相同，同时 Q_2 发射极与 Q_1 发射极之间接入晶振，构成反馈，只有当晶振发生串联谐振时，石英晶体呈电阻性，电路满足相位平衡条件，电路的振荡频率为石英晶体的串联谐振频率 f_s。调整 R_F 的阻值，可使电路满足正弦波振荡的幅值条件。

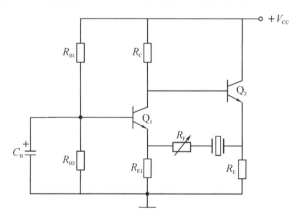

图 14-15　串联型石英晶体正弦波振荡电路

如果用石英晶体取代图 14-12 所示电路中的电感，就得到并联型晶体正弦波振荡电路，如图 14-16 所示。本电路中，石英晶体在 f_s 和 f_p 之间呈感性，构成电容三点式振荡电路，因此只有在晶体的 f_s 和 f_p 之间的频率范围内，本电路才满足

相位平衡条件。此时,电路的振荡频率为

$$f_0 \approx \frac{1}{2\pi\sqrt{L\dfrac{C\,(C'+C_0)}{C+C'+C_0}}} \qquad (14-12)$$

式中,$C'=C_1C_2/(C_1+C_2)$。由于 $C\ll(C_0+C')$,所以

$$f_0 \approx \frac{1}{2\pi\sqrt{LC}} \approx f_s \qquad (14-13)$$

由上式可见,振荡频率 f_0 接近 f_s,但大于 f_s,使石英晶体呈感性,由于石英晶体固有频率很稳定,所以 f_0 也很稳定。

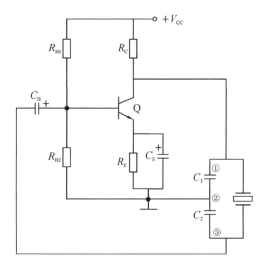

图 14-16　并联型石英晶体正弦波振荡电路

14.4　电压比较器

电压比较器是用来比较输入电压与参考电平(或称为阈值电压)相对大小的电路,比较的结果用输出电压的两种状态(高电平或低电平)来表示。可见,比较器输入的是模拟信号,输出的则是属于数字性质的信号,它是模拟电路与数字电路之间的接口电路。电压比较器广泛应用于波形变换、A/D 转换、数字仪表、自动检测与控制等各个方面。

可以用通用型集成运算放大器组成比较器。对比较器的基本要求是:判别输入信号电平准确,反应灵敏、动作迅速,具备较强的抗干扰能力,另外应有必要的保护措施。集成电压比较器是根据比较器的工作特点和要求设计的专用集成电路,

比如 LM3915、LM339、AD8564 等。它与普通集成运放相比,其开环增益较低,失调电压较大,共模抑制比较小,但是响应速度快,传输延迟时间短,带负载能力强,一般不需要外加限幅电路和驱动,就可以直接驱动继电器和显示灯。

　　LM311 是一款常用的集成电压比较器,其引脚图(顶视图)如图 14-17(a)所示。与普通集成运放一样,它有同相和反相两个输入端,正、负两个外接电源,可采用双电源或单电源方式供电。其同相端输入的零电平比较器接线图如图 14-17(b)所示,图中电容均为去耦电容,用于滤去比较器输出产生变化时电源电压的波动,输出端接 4.7 kΩ 电阻是输出高电平时的上拉电阻。

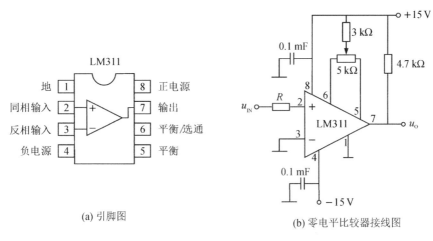

(a) 引脚图　　　　　　　　　　　(b) 零电平比较器接线图

图 14-17　集成电压比较器 LM311

　　电压比较是集成运放非线性应用的典型电路,常见的有单门限比较、迟滞比较和窗口比较三种类型,在实际应用中还有其他种类,比如三态电压比较。在上述电路中,大部分集成运放不是在开环状态,就是只引入了正反馈,如图 14-18 所示,图(b)中的反馈网络为纯电阻网络。当运放差模增益 $A_d \to \infty$ 时,只要同相输入端 u_P 与反相输入端 u_N 之间有极小差值电压,输出电压 u_O 就等于其饱和电压。

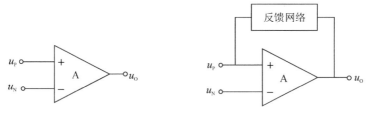

(a) 集成运放的开环工作状态　　　　　(b) 集成运放引入正反馈

图 14-18　集成运放工作在非线性区的电路

当运放工作在非线性区时应注意:

(1)若集成运放饱和输出电压为$\pm U_{OM}$,则当$u_P > u_N$时,$u_O = U_{OM}$;当$u_P < u_N$时,$u_O = -U_{OM}$;

(2)由于运放的差模输入电阻很大,故输入电流几乎为零;

(3)集成运放在没有引入负反馈的情况下,"虚短"不再适用,即$u_P \neq u_N$。

在分析电压比较电路时,常用阈值电压和电压传输特性来描述电路的工作特性。分析方法可大致归纳为以下几个步骤:

(1)通过分析集成运放输出端所接限幅电路来确定电压比较器输出电压的高电平U_{OH}和低电平U_{OL}。

(2)阈值电压是比较器输出电压发生跃变时的输入电压,用符号U_{TH}表示。它可通过令集成运放两个输入端电位相等求得。

(3)电压传输特性是以输入电压u_{IN}为横坐标,输出电压u_O为纵坐标画出的表示输入输出电压关系的曲线。u_O在u_{IN}过U_{TH}时的跃变方向决定于u_{IN}作用于集成运放的哪个输入端。当u_{IN}从反相输入端输入时,$u_{IN} < U_{TH}$,$u_O = U_{OH}$;$u_{IN} > U_{TH}$,$u_O = U_{OL}$。当u_{IN}从同相输入端输入时,$u_{IN} < U_{TH}$,$u_O = U_{OL}$;$u_{IN} > U_{TH}$,$u_O = U_{OH}$。

14.5　电压比较电路

当电压比较电路中只有一个参考电平时,称其为单门限比较。根据参考电平的不同,可分为零电平比较和非零电平比较。

图14-19(a)所示为一最简单的高灵敏度零电平比较电路,集成运放反相端接输入信号,同相端接地,阈值电压$U_{TH}=0$。集成运放工作在开环状态,则输出电压$u_O = \pm U_{OM}$。若$u_{IN} < 0$,即$u_N < u_P$,则$u_O = +U_{OM}$;若$u_{IN} > 0$,即$u_N > u_P$,则$u_O = -U_{OM}$。零电平比较电路的理想电压传输特性如图14-19(b)所示。实际上,$u_{IN}=0$时,u_O不可能立刻从$+U_{OM}$下降到$-U_{OM}$,而是沿一条斜线下降,实际电压传输特

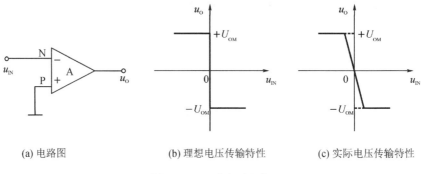

(a) 电路图　　　　　(b) 理想电压传输特性　　　　　(c) 实际电压传输特性

图14-19　零电平比较

性如图 14-19(c)所示。

　　实际应用中,为了限制集成运放的差模输入电压,保护其输入级,可加二极管保护电路,同时为使输出电平不受电源电压的影响,满足负载需要,常在集成运放的输出端加稳压管限幅电路,如图 14-20(a)所示。图中 R_0 是限流电阻,此时输出电压 $u_O = \pm U_Z$,U_Z 是稳压管 D_Z 的稳定电压。因此输出电压由稳压管决定,其电压传输特性如图 14-20 (b)所示。

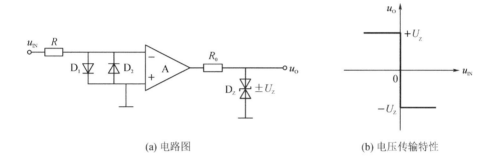

(a) 电路图　　　　　　　　　　　　　　　　(b) 电压传输特性

图 14-20　具有输入级保护和限幅功能的电压比较电路

　　例 14-5　试说明如图 14-21 所示电路的工作原理。

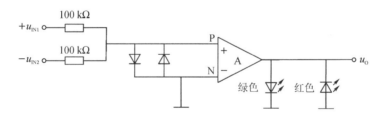

图 14-21　例 14-5 电路

　　解　此电路可用于比较不同极性的输入电压,并确定其大小关系。由图可以得出集成运放反相端电位 $u_N = 0$,同相端电位 $u_P = (u_{IN1} - u_{IN2})/2$。如果 $u_{IN1} > u_{IN2}$,则 $u_P > 0$,比较器输出正电压,绿色 LED 导通,二极管发绿色光;如果 $u_{IN1} < u_{IN2}$,则 $u_P < 0$,比较器输出负电压,红色 LED 导通,二极管发红色光。

　　若将零电平比较电路中接地的一端改为接入固定参考电平 U_R,使输入信号 u_{IN} 与参考电平 U_R 相比较然后输出,则此电路为非零电平比较电路,如图 14-22(a)所示。这种电路的电压传输特性与零电平比较电路的类似,阈值电压 $U_{TH} = U_R$,根据阈值电压为正值或负值,即将图 14-19(b)的曲线向右或向左平移。图 14-22(b)

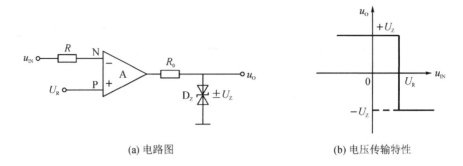

(a) 电路图　　　　　　　　　　　　　　(b) 电压传输特性

图 14 - 22　非零电平比较

所示的电压传输特性中的阈值电压值为正。

例 14 - 6　在图 14 - 23(a)所示电路中,稳压管的稳定电压 $U_Z = 6$ V,$R_1 = R_2 = 5$ kΩ,参考电平 $U_R = 2$ V,输入电压 u_{IN} 为图 14 - 23(c)所示的三角波,试画出该电路的电压传输特性以及输出电压 u_O 的波形。

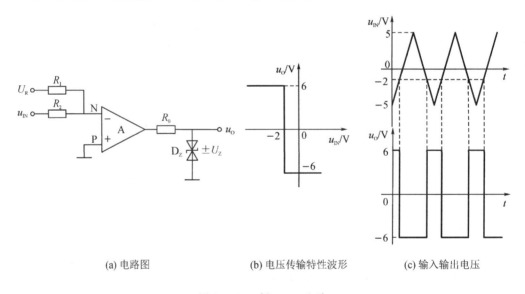

(a) 电路图　　　　　　(b) 电压传输特性波形　　　　　　(c) 输入输出电压

图 14 - 23　例 14 - 6 电路

解　由图 14 - 23(a)所示电路可知,输出端接入双向稳压管,因此 $u_O = \pm U_Z = \pm 6$ V,根据叠加定理,运放反相输入端的电位 u_N 为

$$u_N = \frac{R_1}{R_1 + R_2} u_{IN} + \frac{R_2}{R_1 + R_2} U_R$$

代入数值 $R_1 = R_2 = 5$ kΩ, $U_R = 2$ V, 得出

$$u_N = \frac{u_{IN} + 2\ \text{V}}{2}$$

运放同相端接地, 即 $u_P = 0$。令 $u_N = u_P = 0$, 求出阈值电压 $U_{TH} = -2$ V。当 $u_{IN} < U_{TH}$ 时, 则 $u_N < 0$, 输出电压 $u_O = U_{OH} = +6$ V; 当 $u_{IN} > U_{TH}$ 时, 则 $u_N > 0$, 输出电压 $u_O = U_{OL} = -6$ V; 其电压传输特性如图 14-23(b) 所示, 输出电压 u_O 的波形如图 14-23(c) 所示方波。

窗口比较电路可以用来检测输入电压是否在两个给定的电压之间, 图 14-24(a) 是一个典型的窗口比较电路。设 U_H、U_L 均为正值, 且 $U_H > U_L$。电路工作原理如下:

(1) 当 $U_L < u_{IN} < U_H$ 时, 运放 A_1 和 A_2 的同相输入端电压均低于反相输入端电压, A_1 和 A_2 都输出低电平。因此, 二极管 D_1 和 D_2 均截止, 晶体管也截止, 则 $u_O = +V_{CC}$, 电路输出高电平。

(2) 当 $u_{IN} > U_H$ 时, 运放 A_1 输出高电平, A_2 输出低电平。二极管 D_1 导通, D_2 截止。如果选择电阻 R_B 使晶体管工作在饱和状态, 则 $u_O \approx -V_{CC}$, 电路输出低电平。

(3) 当 $u_{IN} < U_L$ 时, A_1 输出低电平, A_2 输出高电平。D_1 截止, D_2 导通。晶体管的工作状态与 $u_{IN} > U_H$ 时相同, 则 $u_O \approx -V_{CC}$, 电路输出低电平。

综上所述, 窗口比较电路的电压传输特性如图 14-24(b) 所示, 输入电压 u_{IN} 在给定电压 U_H 和 U_L 之间时, 电路输出为高电平; 否则, 电路输出为低电平。

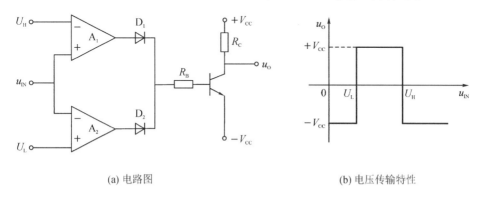

(a) 电路图　　　　　　　　　　　(b) 电压传输特性

图 14-24　窗口比较电路

单门限比较电路结构简单, 灵敏度高, 但是抗干扰能力差。图 14-25 为非零电平比较电路在输入信号有干扰的情况下得到的输出波形。由图可见, 输入信号

在阈值电压U_{TH}附近出现了干扰,就会使比较器产生误动作,这在实际当中是不允许的。

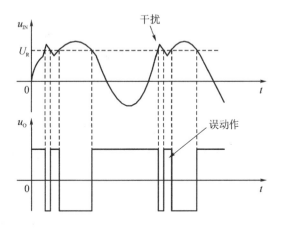

图14-25　单门限比较电路的抗干扰能力

14.6　迟滞比较电路

　　迟滞比较电路具有延迟滞回的特性,即具有惯性,因此有一定的抗干扰能力。根据输入信号接入运放的端子,可分为反相端输入电路和同相端输入电路。

　　反相端输入的迟滞比较电路如图14-26(a)所示,电阻R_1和R_2构成正反馈,输出电压$u_O=\pm U_Z$。集成运放反相端电位$u_N=u_{IN}$,同相端电位为

$$u_P=\frac{R_1}{R_1+R_2}u_O=\pm\frac{R_1}{R_1+R_2}U_Z \tag{14-14}$$

令$u_P=u_N$,求得u_{IN}的阈值电压$\pm U_{TH}$为

$$\pm U_{TH}=\pm\frac{R_1}{R_1+R_2}U_Z \tag{14-15}$$

由上式可以看出,迟滞比较有两个阈值电压:$+U_{TH}$和$-U_{TH}$。

　　下面分析迟滞比较电路的电压传输特性。假设输入信号足够小,满足$u_{IN}<-U_{TH}$,即$u_N<u_P$时,输出电压$u_O=+U_Z$。当u_{IN}逐渐增大直到略大于$+U_{TH}$时,输出电压u_O由$+U_Z$跃变为$-U_Z$,这时,可在电压传输特性图中标注输出电压的翻转变化,如图14-26(b)所示实线箭头。

　　同理,若输入信号足够大,满足$u_{IN}>U_{TH}$,即$u_N>u_P$时,输出电压$u_O=-U_Z$。当u_{IN}逐渐减小直到略微小于$-U_{TH}$时,输出电压u_O由$-U_Z$跃变为$+U_Z$,在电压传输特性图中标注输出电压的翻转变化,如图14-26(b)所示虚线箭头。完整的电压传输特性如图14-26(b)所示。

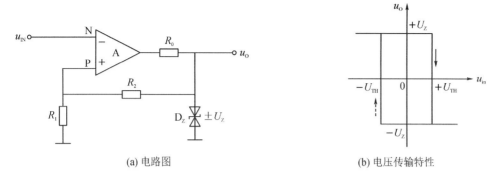

(a) 电路图　　　　　　　　　　(b) 电压传输特性

图 14-26　反相端输入的迟滞比较电路及其电压传输特性

由图 14-26(b)可以看出,由于电压传输特性曲线的方向性,在$-U_{TH}<u_{IN}<U_{TH}$范围内,u_{IN}的变化不会引起 u_O 的翻转,可见迟滞比较电路提高了抗干扰能力,两个阈值电压的差值为 $2U_{TH}$,该值越大,说明抗干扰能力越强,但其灵敏度降低,不能分辨$-U_{TH}\sim+U_{TH}$范围内的信号变化,如图 14-27 所示。

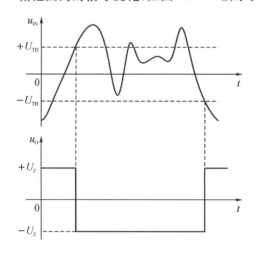

图 14-27　迟滞比较电路的抗干扰能力

例 14-7　电路如图 14-28(a)所示,设稳压管的稳压值 $U_Z=6$ V。

(1)画出电路的传输特性;

(2)如果输入信号波形如图 14-28(c)所示,画出输出波形。

解　图 14-28(a)所示电路的输出电压 $u_O=\pm U_Z=\pm6$ V。集成运放反相端电压 $u_N=u_{IN}$,同相端电位为

$$u_P = \frac{R_2}{R_2 + R_3}u_O = \pm\frac{15\ \text{k}\Omega}{15\ \text{k}\Omega + 30\ \text{k}\Omega}\times 6\ \text{V} = \pm 2\ \text{V}$$

令 $u_P = u_N$，求得阈值电压 $\pm U_{TH} = \pm 2$ V。电压传输特性如图 14-28(b)所示。

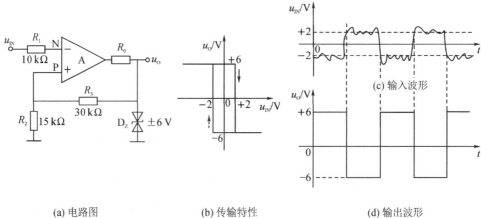

(a) 电路图　　　　　　(b) 传输特性　　　　　　(d) 输出波形

图 14-28　例 14-7 电路图

从电压传输特性可以看出，输入电压持续增加或减少时，输出电压只跃变一次。正向阈值电压为 $+U_{TH} = +2$ V，负向阈值电压为 $-U_{TH} = -2$ V。输出电压波形如图 14-28(d)所示。电路具有抗干扰能力。

同相端输入的迟滞比较电路如图 14-29(a)所示，反馈电阻 R_2 接到运放同相输入端，因此为正反馈，输出电压 $u_O = \pm U_Z$。集成运放的反相端接地，即 $u_N = 0$，根据叠加定理，同相端电位 u_P 为

$$u_P = \frac{R_2}{R_1 + R_2}u_{IN} \pm \frac{R_1}{R_1 + R_2}U_Z \qquad (14-16)$$

令 $u_P = u_N = 0$，求得阈值电压

$$\pm U_{TH} = \mp\frac{R_1}{R_2}U_Z \qquad (14-17)$$

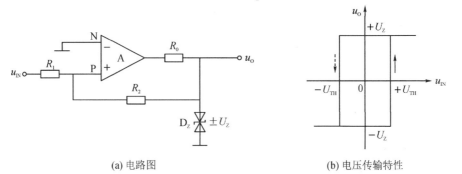

(a) 电路图　　　　　　　　　　　(b) 电压传输特性

图 14-29　同相端输入的迟滞比较电路及其电压传输特性

输入电压 $u_{IN} > -U_{TH}$ 时,输出 $u_O = +U_Z$;输入电压 $u_{IN} < +U_{TH}$ 时,输出 $u_O = -U_Z$;完整的电压传输特性如图 14－29(b)所示。

14.7　非正弦波发生电路

在实际使用中,除了常见的正弦波外,还有方波、矩形波、三角波、锯齿波等非正弦波。非正弦波发生电路通常由电压比较器、反馈网络、延迟环节或积分环节等组成。其振荡条件比较简单,只要反馈信号能使比较电路的输出状态发生改变,就能产生周期性的振荡。本节主要介绍方波、三角波发生器和压控振荡器。

1. 方波发生电路

由运算放大器组成的方波发生电路如图 14－30(a)所示,它由反相端输入迟滞比较器和电容充放电电路组成。迟滞比较器起开关作用,电容的充放电由电压比较器的输出状态确定,而电容两端的电压又控制了迟滞比较器的方波输出。

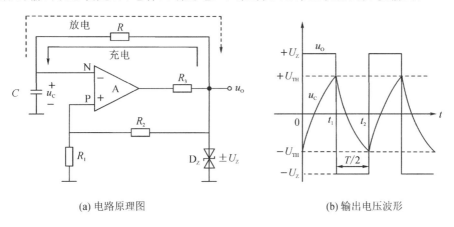

(a) 电路原理图　　　　　　　　　　　　　(b) 输出电压波形

图 14－30　方波发生电路

假设电源接通瞬间,输出电压 $u_O = +U_Z$,则同相端电位为

$$u_P = \frac{R_1}{R_1 + R_2} U_Z = +U_{TH} \tag{14－18}$$

u_O 通过电阻 R 给电容 C 充电,如图 14－30(a)中实线箭头所示。运放反相输入端电位 u_N 随时间 t 逐渐升高,当 u_N 上升到略大于 $+U_{TH}$ 时,u_O 就从 $+U_Z$ 跳变为 $-U_Z$。此时,同相端电位变为

$$u_P = -\frac{R_1}{R_1 + R_2} U_Z \tag{14－19}$$

随后,u_O 通过电阻 R 给电容 C 反向充电,或者说电容放电,如图 14－30(a)中虚线

箭头所示。反向输入端电位 u_N 随时间 t 逐渐降低,当 u_N 降低到略小于 $-U_{TH}$ 时,u_O 就从 $-U_Z$ 跳变为 $+U_Z$,电容又开始正向充电。如此循环得到方波输出信号,波形如图 14-30(b)中所示。

方波发生电路的输出频率与电容器的充放电造成的延时有关,图 14-30(b)中 $t_1 \sim t_2$ 段是输出波形的半个周期。若以 t_1 为初始时刻,即 $u_C(t_1) = +U_{TH}$,反向充电的稳态值 $u_{Cf} = -U_Z$,由一阶电路响应通用公式得

$$u_C(t) = -U_Z + \left[\frac{R_1}{R_1 + R_2} U_Z + U_Z \right] e^{-\frac{t-t_1}{RC}} \quad (t_1 < t < t_2) \quad (14-20)$$

当 $t = t_2$ 时有

$$-U_Z + \left[\frac{R_1}{R_1 + R_2} U_Z + U_Z \right] e^{-\frac{T}{2RC}} = -\frac{R_1}{R_1 + R_2} U_Z$$

从上式求得振荡频率为

$$f = \frac{1}{T} = \frac{1}{2RC \ln(1 + \frac{2R_1}{R_2})} \quad (14-21)$$

在电路设计中,可通过改变 R 值来调整输出频率。如果将充电和反充电回路分开使得两段的时间常数不相等,能得到可调整占空比的矩形波,即输出正向脉冲宽度和负向脉冲宽度不等的输出信号。

2. 三角波发生电路

上述方波发生电路中,电容两端的波形近似为三角波,但它的线性度很差,如果用由运放组成的积分运算电路替代电容 C,组成如图 14-31(a)所示的电路,就构成了三角波发生电路。图中,运放 A_1 与电阻 R_1、R_2、R_3,双向稳压管 D_Z 组成的电路是同相端输入的迟滞比较器,其输出电压 $u_{O1} = \pm U_Z$,它的输入电压是积分电路的输出电压 u_O,运放 A_1 同相端的电位

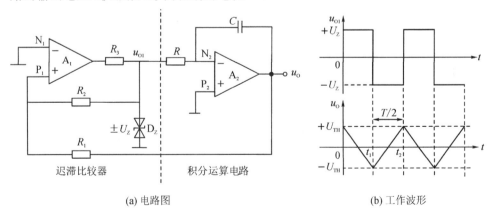

(a) 电路图　　　　　　　　(b) 工作波形

图 14-31　三角波发生电路

$$u_{P1} = \frac{R_2}{R_1+R_2}u_O + \frac{R_1}{R_1+R_2}u_{O1} = \frac{R_2}{R_1+R_2}u_O \pm \frac{R_1}{R_1+R_2}U_Z \quad (14-22)$$

令 $u_{P1} = u_{N1} = 0$，求得的 u_O 就是阈值电压

$$\pm U_{TH} = \pm \frac{R_1}{R_2}U_Z \quad (14-23)$$

假设电源接通瞬间，运放 A_1 输出电压 $u_{O1} = +U_Z$，此时电压 u_{O1} 通过电阻 R 对电容 C 充电，输出电压 u_O 开始线性下降。当 u_O 下降到阈值电压 $-U_{TH}$ 时，输出电压 u_{O1} 翻转，立即从 $+U_Z$ 跳变为 $-U_Z$。输出波形如图 14-31(b) 中 $0 \sim t_1$ 段的波形。

$u_{O1} = -U_Z$ 后，输出电压 u_O 线性上升，如图 14-31(b) 中 $t_1 \sim t_2$ 段波形，当 u_O 上升到阈值电压 $+U_{TH}$ 时，电压 u_{O1} 再次翻转，立即从 $-U_Z$ 跳变为 $+U_Z$。如此周而复始，电压 u_{O1} 输出振幅为 U_Z 的方波，电压 u_O 输出振幅为 U_{TH} 的三角波。

从图 14-31(b) 所示的波形，三角波幅值从 $-U_{TH}$ 到 $+U_{TH}$ 的时间为 $T/2$，根据积分运算电路计算公式，可得

$$u_O(t_2) - u_O(t_1) = -\frac{1}{RC}\int_{t_1}^{t_2} u_{O1}\,dt \quad (14-24)$$

其中 $u_O(t_2) - u_O(t_1) = 2U_{TH}$，$U_{TH} = \frac{R_1}{R_2}U_Z$，$u_{O1} = -U_Z$，将它们代入上式，得

$$2\frac{R_1}{R_2}U_Z = \frac{U_Z}{RC} \times \frac{T}{2}$$

$$T = \frac{4R_1RC}{R_2}$$

振荡频率为

$$f = \frac{R_2}{4R_1RC} \quad (14-25)$$

由上式可知，通过改变 R、C 或者 R_2/R_1 的值都可以改变振荡频率，但是从式(14-23)看到，改变 R_2/R_1 的值会改变三角波的振幅，所以，通常采用改变 R、C 来改变振荡频率。可通过改变 C 来进行频率粗调，通过改变 R 来进行频率细调。

如果将方波三角波发生电路中电阻 R 置换成如图 14-32 所示的电路，即将 1 端接至电压比较器的输出端，2 端接至积分器的输入端，可组成锯齿波发生器。显然，R_2、D_2 支路为充电支路，R_1、D_1 支路为放电支路。若选择电阻 R_2 阻值较大，电阻 R_1 很小，则电容缓慢充电、迅速放电，形成如图 14-33 所示的锯齿波输出。

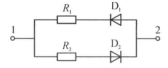

图 14-32　正、反向具有不同阻值的电路

图 14-33　锯齿波输出

综合上述分析,该电路可通过改变充放电时间常数,达到改变输出波形的目的。

3. 压控振荡电路

在模拟数字转换中,常需要用电压控制振荡波形的频率,即压控振荡器(voltage controlled oscillator,VCO),它也称为电压频率转换器。

图 14-34 (a)给出了一种压控振荡电路,它由积分电路、同相端输入的迟滞比较电路和二极管 D 组成。图中,二极管 D 相当于一个开关,受输出电压 u_O 的控制。图中,迟滞比较电路的阈值电压为

$$\pm U_{\text{TH}} = \pm \frac{R_3}{R_4} U_z$$

假设 t_1 时刻的输出电压 $u_O = +U_z$,二极管 D 断开,当 $U_{\text{IN}} > 0$ 时,电容 C 充电,运放 A_1 的输出电压 u_{O1} 开始线性下降,当 u_{O1} 下降到阈值电压 $-U_{\text{TH}}$ 时,迟滞比较器翻转,输出电压 u_O 立即从 $+U_z$ 跳变为 $-U_z$。此时二极管 D 导通,电容 C 放电,u_{O1} 开始线性上升,当 u_{O1} 上升到阈值电压 $+U_{\text{TH}}$ 时迟滞比较器再次翻转,u_O 从 $-U_z$ 跳变为 $+U_z$。如此周而复始,u_{O1} 输出锯齿波,u_O 输出为矩形波,如图 14-34 (b)所示。

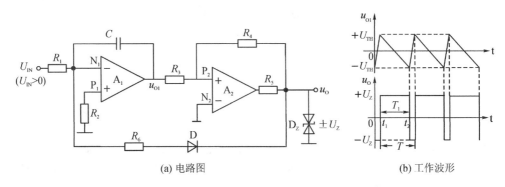

(a) 电路图   (b) 工作波形

图 14-34 压控振荡器

在图 14-34(b)所示波形的 (t_1, t_2) 时间段,u_{O1} 是对 U_{IN} 的线性积分,其起始值是 $+U_{\text{TH}}$,终值 $-U_{\text{TH}}$,因而

$$-U_{\text{TH}} = -\frac{1}{R_1 C} U_{\text{IN}} T_1 + U_{\text{TH}}$$

将 $U_{\text{TH}} = \frac{R_3}{R_4} U_z$ 代入上式,解得

$$T_1 = \frac{2R_3 R_1 C}{R_4} \cdot \frac{U_z}{U_{\text{IN}}}$$

当 $R_1 \gg R_6$ 时，振荡周期 $T \approx T_1$，故振荡频率为

$$f \approx \frac{R_4}{2R_3R_1C} \cdot \frac{U_{IN}}{U_Z} \tag{14-26}$$

由上式可以看出，改变电压 U_{IN}，则可改变振荡电路的输出频率。

4. 集成函数发生器

ICL8038 是一种具有多种波形输出的精密振荡集成电路，只需调整个别的外部组件就能产生从 0.001 Hz～300 kHz 的正弦波、三角波、矩形波等信号。输出矩形波的占空比 2%～98% 连续可调，输出正弦波失真度小于 1%，输出三角波的非线性小于 0.05%。另外，该芯片具有调频信号输入端，可以用来对低频信号进行频率调制。

ICL8038 引脚如图 14-35 所示。可用单电源供电，即将引脚 11 接地，引脚 6 接 $+V_{CC}$，V_{CC} 为 0～30 V；也可用双电源供电，即将引脚 11 接 $-V_{CC}$，引脚 6 接 $+V_{CC}$，它们的值为 ± 5 V～± 15 V。

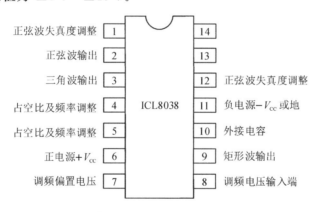

图 14-35 ICL8038 引脚图

ICL8038 典型应用电路如图 14-36 所示。输出波形的振荡频率为

$$f = \frac{3}{5R_AC(1 + \frac{R_B}{2R_A - R_B})} \tag{14-27}$$

通过调节 R_A、R_B 和 C 的值就可实现信号频率和占空比等的参数调节。当 $R_A = R_B$ 时，就可以获得占空比为 50% 的方波，其频率为 $f = 0.33/R_AC$，如图 14-36(a) 所示。为了减小正弦波失真，在引脚 1 和引脚 12 接入多圈精度电位器，可使得正弦波失真度小于 0.5%，如图 14-36(b) 所示。

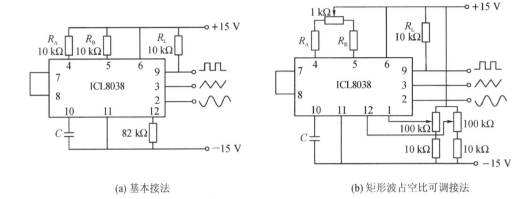

(a) 基本接法　　　　　　　　　　(b) 矩形波占空比可调接法

图 14-36　ICL8038 典型应用

习题 14

14-1　电路如题 14-1 图所示,试完成以下任务:

(1)标出运算放大器的同相输入端和反向输入端;

(2)估算振荡频率 f_0;

(3)说明 D_1、D_2 的作用。

14-2　RC 正弦波振荡电路如题 14-2 图所示,试问:

(1)R_1 与 R_2 满足什么关系能使电路起振? 为了减小输出波形的非线性失真,可采取什么方法?

(2)如果电路中 $C=0.01\ \mu F$,若要求振荡频率为 480 Hz,试确定 R 的阻值。

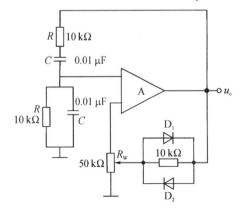

题 14-1 图

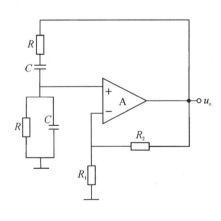

题 14-2 图

14-3　试从相位平衡的观点分析题 14-3 图各电路是否能产生自激振荡？若不能产生振荡，请加以修改。

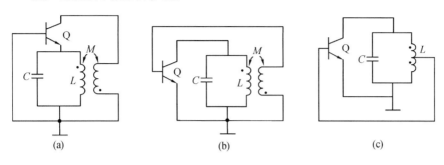

题 14-3 图

14-4　试标出题 14-4 图所示各电路中变压器的另一个同名端，使之满足产生正弦波振荡的相位平衡条件。

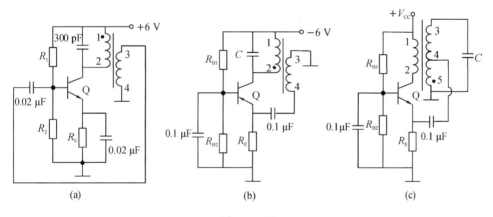

题 14-4 图

14-5　试用相位平衡条件判断题 14-5 图所示的两个电路是否有可能产生正弦波振荡。如果有可能振荡，指出振荡电路属于什么类型（如变压器反馈式、电感三点式、电容三点式等），并估算其振荡频率。已知这两个电路中的 $L=0.5$ mH，$C_1 = C_2 = 40$ pF。

14-6　在题 14-6 图(a)所示电路中，设 A 为理想运算放大器，$U_R = 5$ V，稳压管的稳压值 $U_Z = 6$ V，其正向压降 $U_D = 0.7$ V。

（1）画出电压传输特性；

（2）若输入 u_{IN} 为题 14-6 图(b)所示波形，试画出相应的 u_O 波形。

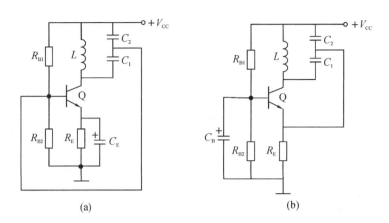

题 14 - 5 图

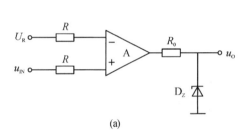

(a)

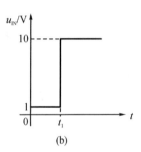

(b)

题 14 - 6 图

14 - 7　画出题 14 - 7 图所示电路的电压传输特性。

14 - 8　电路如题 14 - 8 图所示。

　　(1)试画出该电路的电压传输特性；

　　(2)如果输入正弦波信号的振幅足够大,画出输出、输入的波形图(按时间对应关系作图)。

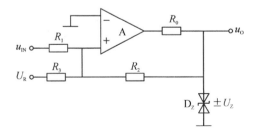

题 14 - 7 图

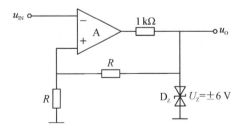

题 14 - 8 图

14 - 9 如题 14 - 9 图所示的方波发生器电路中,已知:$R_1 = R_2 = R = 100$ kΩ,$R_3 = 1$ kΩ,$C = 0.1$ μF,$U_Z = 5$ V。

(1)指出电路各组成部分的作用;

(2)画出输出电压 u_O 和电容器上的电压 u_C 的波形;

(3)求出振荡周期 T。

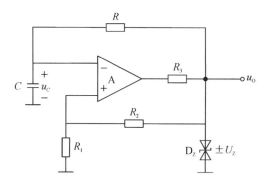

题 14 - 9 图

14 - 10 电路如题 14 - 10 图所示,已知 $R_1 = 1$ kΩ,$R_2 = 2$ kΩ,$U_Z = 6$ V,输入 u_{IN} 为三角波信号,其振幅为 6 V,画出输出电压 u_O 的波形。

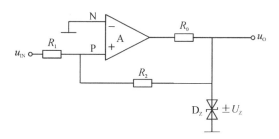

题 14 - 10 图

14 - 11 三角波发生器电路如题 14 - 11 图所示,为了实现以下几种不同的要求,u_{IN} 和 u_s 应相应地做哪些调整?

(1)u_{O1} 端输出对称方波,u_O 端输出对称三角波;

(2)对称三角波的电平可以移动(例如使波形上移);

(3)输出矩形波的占空比可以改变。

14 - 12 压控振荡电路如题 14 - 12 图所示。

(1)定性画出 u_{O1} 和 u_O 的波形;

(2)估算振荡频率 f 与 U_{IN} 的关系式。

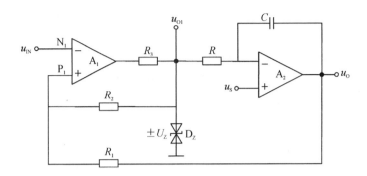

题 14 - 11 图

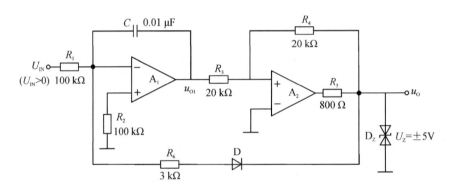

题 14 - 12 图

第 15 章 功率放大电路

集成运算放大器是直接耦合的多级放大电路,因此要求最后的输出级能输出一定的交流功率以驱动负载,这种能够给负载提供一定交流功率的电路称为功率放大电路,简称功放。从能量转换的角度来看,功率放大电路的主要功能是把供电电源的直流电能转换为负载所需要的交流电能,输出功率尽可能大。

由于功放电路中功率晶体管在接近极限状态下工作,电压高,电流大,而输入信号越大,非线性失真越严重,所以在大功率输出时,应将非线性失真限制在允许的范围之内。功放电路的结构、工作状态、分析方法及性能指标等都与信号放大电路的有着明显的区别,小信号分析法已不再适用,应采用图解法。另外,功率放大电路中的晶体管会消耗比较大的功率,因此需要加装散热装置,且要有一定的过流保护装置。

15.1 互补推挽功率放大电路(B 类)

功率放大电路能够给负载提供足够大的输出电流,故而也能够给负载提供足够大的功率,负载所消耗的能量来自直流供电电源。在大功率情况下,能量转换效率是衡量功率放大电路性能的一个重要技术指标,它定义为输出平均功率 P_o 与直流电源发出平均功率 P_V 的比值:

$$\eta = \frac{P_\text{o}}{P_\text{V}} \tag{15-1}$$

η 值愈接近于 1,说明能量转换效率愈高。

根据功率晶体管静态工作点的位置不同,低频功率放大电路可分为 A 类(甲类)、B 类(乙类)和 AB 类(甲乙类)等类型。

若把晶体管的静态工作点设置在放大区的中点附近,如图 15-1(a) 中 Q_1 点所示,在输入信号的整个周期内都有电流流过,即晶体管导通角 $\theta = 2\pi$,集电极电流波形如图 15-1(b)所示,这类电路被称为 A 类(甲类)功率放大电路。这类电路中,由于晶体管存在比较大的静态功耗,故而这类电路的能量转换效率比较低,而且信号越小,其效率越低。可以证明,这类电路的效率不高于 50%。A 类放大电路虽然效率低,但它有非线性失真小的优势,常常用在高品质音响电路中。

静态功耗高是造成 A 类功率放大电路效率低的主要原因。若把晶体管的静态工作点设置在截止区(图 15-1(a) 中 Q_2 点),则晶体管只在信号的半个周期内导通,而在另外半个周期内截止,集电极电流波形如图 15-1(c)所示,此时晶体管导通角 $\theta=\pi$,这类电路被称为 B 类(乙类)功率放大电路。当信号为零时,静态电流为零,电路静态功耗也为零;随着信号增大,电源供给的功率也随之增大,这就使 B 类放大电路能量转换效率得到显著提高。B 类功率放大电路的效率理想情况下可达 78.5%。

在信号整个周期内,若晶体管的导通时间大于半个周期,则这类电路被称为 AB 类(甲乙类)功率放大电路。该电路静态工作点的位置如图 15-1(a) 中 Q_3 点所示,电流波形如图 15-1(d)所示。由于晶体管的静态工作点略高于截止区,静态电流很小,静态管耗接近于零,其能量转换效率与乙类放大电路接近,且能够克服晶体管死区电压造成的波形失真问题。

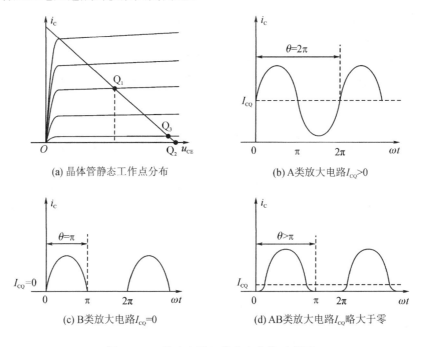

图 15-1 放大电路工作状态分类示意图

传统功率放大电路的输出级常采用变压器耦合方式,其优点是便于实现阻抗匹配,但由于变压器体积大、笨重、不能集成化等缺点的存在,目前发展的趋势倾向于采用无输出变压器的功率放大电路(output transformerless,OTL),或无输出电容的功率放大电路(output capacitorless,OCL)。

利用两只不同类型但参数相同的晶体管,以直接耦合方式组成如图 15-2(a)

所示的电路,称为 B 类 OCL 互补推挽功率放大电路。图 15 - 2(a)采用对称的正负电源供电,使得该电路在输入信号的正负两个半周内具有对称性。输入信号从晶体管基极输入、发射极输出,因此具有输入电阻大、输出电阻小、带负载能力强的优点。

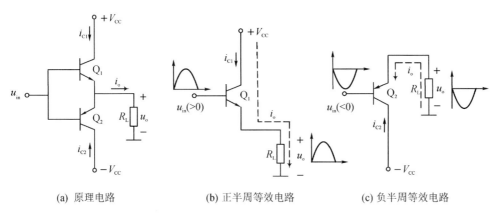

| (a) 原理电路 | (b) 正半周等效电路 | (c) 负半周等效电路 |

图 15 - 2　OCL 功率放大电路

　　输入信号 u_{in} 等于零时,两只晶体管均不导通,则输出电压 u_o 等于零,电路无静态功耗。

　　设输入信号为正弦波,$u_{in} = U_{im}\sin(\omega t)$。当 $u_{in} > 0$ 时,Q_2 发射结反偏,工作在截止状态;而 Q_1 发射结正偏、集电结反偏,工作在放大状态,负载获得正半周电流,此时晶体管 Q_1 为共集电极放大,$u_o \approx u_{in}$,等效电路如图 15 - 2(b)所示。当 $u_{in} < 0$ 时,则 Q_1 工作在截止状态;Q_2 工作在放大状态,为共集电极放大,$u_o \approx u_{in}$,等效电路如图 15 - 2(c)所示。由于两只晶体管轮流工作在放大状态,故而在负载上可得到一个完整周期的输出电压。

　　图 15 - 2(a)所示电路的图解分析如图 15 - 3 所示。假设当 $u_{in} > 0$ 时,Q_1 立即导通,当 $u_{in} < 0$ 时,Q_2 立即导通,则负载 R_L 上就可得到完整的输出电流 i_o 波形。Ⅰ区是 Q_1 管的输出特性曲线,Ⅱ区是 Q_2 管的输出特性曲线。由于管子工作在 B 类状态,两个曲线的交界点是静态工作点 Q。由于电路对称,因此 Q_1、Q_2 交流负载线斜率相等,为 $-1/R_L$,且均通过 Q 点。由图 15 - 2 可以看出,集射电压 u_{CE} 为电源电压 V_{CC} 减去输出电压 u_o,当输入信号 u_{in} 逐渐增大时,u_o 随之增大,管子的集射电压 $|u_{CE}|$ 逐渐减小,当其下降到饱和压降 $|U_{CES}|$ 时,输出电压达到最大值,其值等于($V_{CC} - |U_{CES}|$),若忽略 $|U_{CES}|$,U_{om} 的最大值为 V_{CC}。

　　设正弦输出电压 $u_o = U_{om}\sin(\omega t)$,则输出功率的平均值 P_o 为

$$P_o = \frac{U_{om}^2}{2R_L} \qquad (15 - 2)$$

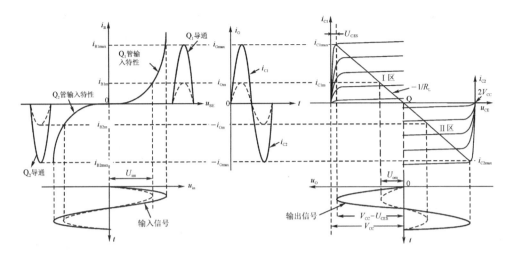

图 15 - 3　OCL 功放电路的图解分析

由图 15 - 2 可知,当输入电压大于零时,正电源 V_{CC} 提供的电流等于流经负载 R_L 的电流为

$$i_{C1} = \frac{U_{om}}{R_L}\sin(\omega t)$$

则两个供电电源供给总功率的平均值 P_V 为

$$P_V = 2 \cdot \frac{1}{2\pi}\int_0^\pi V_{CC}\frac{U_{om}}{R_L}\sin(\omega t)\mathrm{d}(\omega t)$$

求得

$$P_V = \frac{2}{\pi} \cdot \frac{V_{CC} \cdot U_{om}}{R_L} \tag{15 - 3}$$

根据式(15 - 2)和式(15 - 3),可得能量转换效率

$$\eta = \frac{P_o}{P_V} = \frac{\pi}{4} \cdot \frac{U_{om}}{V_{CC}} \tag{15 - 4}$$

由图 15 - 3 可见,OCL 电路输出电压的动态范围为

$$U_{opp} = 2(V_{CC} - |U_{CES}|) \tag{15 - 5}$$

若输入信号足够大,使输出电压的振幅 U_{om} 达到最大值 $(V_{CC} - |U_{CES}|)$,则输出功率和能量转换效率均达到最大值,即

$$P_{om} = \frac{(V_{CC} - |U_{CES}|)^2}{2R_L} \tag{15 - 6}$$

$$\eta_m = \frac{\pi}{4} \cdot \frac{V_{CC} - |U_{CES}|}{V_{CC}} \tag{15 - 7}$$

若晶体管的饱和压降 $|U_{CES}|$ 可忽略,这时 $U_{om} \approx V_{CC}$,则最大输出功率、电源供

给功率、最大转换效率分别为

$$P_{om} \approx \frac{V_{CC}^2}{2R_L} \qquad (15-8)$$

$$P_V = \frac{2}{\pi} \cdot \frac{V_{CC}^2}{R_L} \qquad (15-9)$$

$$\eta_m = \frac{\pi}{4} \approx 78.5\% \qquad (15-10)$$

需要指出,大功率管的饱和压降 $|U_{CES}|$ 为 2~3 V,一般情况下并不能忽略。

在功率放大电路中,功率管的工作电压、电流都比较大,使用时必须满足极限参数的要求,并留有一定裕量,而且要考虑其散热问题,以保证管子安全工作。由 OCL 功放电路的工作原理可知,当一只管子导通时,另一只管子截止。导通后负载上电压的振幅近似为 V_{CC},而截止管的集电极电压为电源电压,所以晶体管集电极与发射极之间承受的最高电压近似等于 $2V_{CC}$。因此,要求功率管的击穿电压 $U_{(BR)CEO}$ 应满足

$$|U_{(BR)CEO}| > 2V_{CC} \qquad (15-11)$$

放大电路在最大功率输出状态时,集电极电流的振幅最大,如图 15-3 所示,为使功率管能够正常工作,则要求功率管最大允许集电极电流 I_{CM} 应满足

$$I_{CM} > \frac{V_{CC}}{R_L} \qquad (15-12)$$

供电电源提供的功率一部分转换为输出功率,另一部分消耗在两只功率管上,故每只功率管消耗的功率 P_Q 为

$$P_Q = \frac{1}{2}(P_V - P_o) = \frac{1}{\pi} \cdot \frac{V_{CC} U_{om}}{R_L} - \frac{1}{4} \cdot \frac{U_{om}^2}{R_L} \qquad (15-13)$$

P_Q 与输出电压振幅 U_{om} 有关,值最大时

$$\frac{dP_Q}{dU_{om}} = \frac{1}{R_L}\left(\frac{V_{CC}}{\pi} - \frac{1}{2}U_{om}\right) = 0$$

可得此时的输出电压振幅为

$$U_{om} = \frac{2}{\pi}V_{CC} \qquad (15-14)$$

将它代入式(15-13)中,得每一只管子总的最大管耗 P_{Qm} 为

$$P_{Qm} = \frac{1}{\pi^2} \cdot \frac{V_{CC}^2}{R_L} \qquad (15-15)$$

当忽略晶体管的饱和压降 U_{CES} 时,根据式(15-8),可得

$$P_{Qm} \approx 0.2 P_{om} \qquad (15-16)$$

因此,为防集电结发热而损坏,最大允许晶体管功耗必须满足 $P_{CM} \geqslant 0.2P_{om}$。

例 15-1 OCL 功放电路如图 15-4 所示。已知电源电压 $V_{CC} = 20$ V,输入电压 u_{in} 为正弦波,负载电阻 $R_L = 8$ Ω,试问:

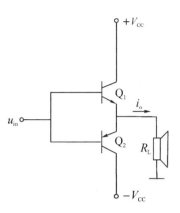

(1)若 Q_1、Q_2 管的饱和管压降可忽略,负载能够得到的最大输出功率和能量转换效率最大值分别是多少?

(2)若 Q_1、Q_2 管的饱和管压降 $|U_{CES}| = 3$ V,负载能够得到的最大输出功率和能量转换效率最大值又分别是多少?

(3)当输入信号 $u_{in} = 12\sin(\omega t)$ V 时,负载得到的功率和能量转换效率分别是多少?

图 15-4　例 15-1 图

解　(1)输出功率的最大值可按式(15-8)计算,能量转换效率最大值可按式(15-10)计算:

$$P_{om} \approx \frac{V_{CC}^2}{2R_L} = \frac{20^2}{2 \times 8} \text{ W} = 25 \text{ W}$$

$$\eta_m = \frac{\pi}{4} \approx 78.5\%$$

(2)由于 $|U_{CES}| = 3$ V,因此不可忽略饱和电压降,输出功率的最大值则按式(15-6)计算,能量转换效率最大值按式(15-7)计算:

$$P_{om} = \frac{(V_{CC} - |U_{CES}|)^2}{2R_L} = \frac{(20-3)^2}{2 \times 8} \text{ W} \approx 18 \text{ W}$$

$$\eta_m = \frac{\pi}{4} \times \frac{V_{CC} - |U_{CES}|}{V_{CC}} \times 100\% = \frac{\pi}{4} \times \frac{20-3}{20} \times 100\% \approx 66.7\%$$

(3)根据 OCL 功放电路工作原理,输出电压的振幅 $U_{om} \approx 12$ V。输出功率和能量转换效率可分别按式(15-2)和式(15-4)计算:

$$P_o = \frac{U_{om}^2}{2R_L} = \frac{12^2}{2 \times 8} \text{ W} = 9 \text{ W}$$

$$\eta = \frac{\pi}{4} \times \frac{U_{om}}{V_{CC}} \times 100\% = \frac{\pi}{4} \times \frac{12}{20} \times 100\% \approx 47.1\%$$

例 15-2 OCL 功放电路同例 15-1,Q_1、Q_2 管的饱和管压降 $|U_{CES}| = 3$ V,负载电阻 $R_L = 10$ Ω,试问:

(1)若负载所需最大功率为 20 W,则供电电源电压至少应取多少伏?

(2)若供电电源电压 $V_{CC} = 25$ V,说明该功率放大电路对功率管的要求。

解　(1)已知 $P_{om} = 20$ W,根据式(15-7),可求出电源电压

$$\frac{(V_{CC} - |U_{CES}|)^2}{2R_L} = \frac{(V_{CC} - 3)^2}{2 \times 10} \text{ W} \geqslant 20 \text{ W}$$

$$V_{CC} \geqslant 23 \text{ V}$$

（2）功率管的选择

由式（15-11）可得功率管的反向击穿电压应满足

$$|U_{(BR)CEO}| > 2V_{CC} = 50 \text{ V}$$

由式（15-12）可得功率管的最大集电极电流应满足

$$I_{CM} > \frac{V_{CC}}{R_L} = \frac{25 \text{ V}}{10 \text{ }\Omega} = 2.5 \text{ A}$$

由式（15-15）可得，每一只功率管的功率为

$$P_{Qm} = \frac{1}{\pi^2} \cdot \frac{V_{CC}^2}{R_L} = \frac{1}{\pi^2} \cdot \frac{25^2}{10} \approx 6.35 \text{ W}$$

则晶体管集电极最大允许耗散功率应满足 $P_{CM} \geqslant 6.35$ W。

15.2　互补推挽功率放大电路（AB 类）

由于晶体管存在死区电压（硅管约为 0.5 V,锗管约为 0.1 V）,在 B 类互补推挽功放电路中,只有在 $|u_{BE}|$ 大于死区电压时晶体管的基极电流 i_B 才有显著变化。所以当输入信号较小时,电路中的两只管子都截止,输出电流基本为零,出现一段"死区",如图 15-5 所示。在两只管子交替工作区域出现了失真,被称为交越失真。

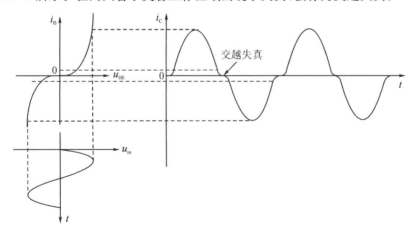

图 15-5　交越失真的形成

为了克服交越失真,通常给功率管 Q_1 和 Q_2 提供一定的直流偏置,应当设置合适的静态工作点,使两只晶体管均工作在微导通状态,即工作在 AB 类状态,互补推挽功率放大电路如图 15-6（a）所示。

图 15-6（a）与图 15-2（a）相比,在前置级 Q_3（共射极接法）的集电极串接了两

只二极管 D_1 和 D_2。利用 Q_3 的集电极电流在二极管(D_1 和 D_2)上产生的正向压降给功率晶体管(Q_1 和 Q_2)提供了一个适当的偏压,使之处于微导通状态,其静态电流很小,并且 $I_O=I_{C1}+I_{C2}\approx 0$,$U_O\approx 0$。

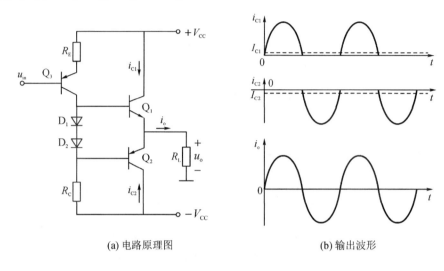

(a) 电路原理图   (b) 输出波形

图 15 - 6   AB 类互补推挽电路

当有输入信号时,因二极管 D_1 和 D_2 的交流电阻比 R_C 小得多,所以认为功率晶体管 Q_1 和 Q_2 的基极交流电位相等,两只管子在信号过零点附近同时导通,i_{C1} 和 i_{C2} 的波形如图 15 - 6(b)所示。虽然此时流过每只管子的电流波形只是略大于半个周期的正弦波,但由于 $i_o=i_{C1}+i_{C2}$,使输出电流波形接近于正弦波,从而克服了交越失真。AB 类互补推挽功率放大电路性能指标与 B 类的相同。

采用复合管组成的 AB 类互补推挽功率放大电路如图 15 - 7 所示。图 15 - 7(a)电路中,NPN 型晶体管 Q_1 和 Q_2 组成 NPN 型复合管,PNP 型晶体管 Q_3 和 Q_4 组成 PNP 型复合管,二者实现对称互补电路。晶体管 Q_5 和电阻 $R_1\sim R_4$ 为两只复合管提供了合适的直流偏置,使复合管工作在 AB 类(微导通)状态以克服交越失真。

由图 15 - 7(a)可见,功率管 Q_2 和 Q_3 分别是 NPN 型和 PNP 型的。实际应用中,两种不同类型的晶体管很难做到特性匹配,而同一类型的大功率晶体管则比较容易实现。因而,常采用图 15 - 7(b)所示的准互补推挽功率放大电路。图 15 - 7(b)电路中,NPN 型晶体管 Q_1 和 Q_2 组成 NPN 型复合管,PNP 型晶体管 Q_3 和 NPN 型晶体管 Q_4 组成 PNP 型复合管,而功率管 Q_2 和 Q_4 都是 NPN 型的,易于实现互补对称特性。图中 R_{E1} 和 R_{C3} 为功率管 Q_2 和 Q_4 静态工作点的调整提供了条件。

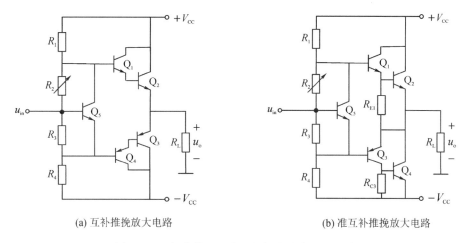

(a) 互补推挽放大电路　　　　　　　　(b) 准互补推挽放大电路

图 15-7　复合管甲乙类互补推挽功率放大电路

15.3　互补推挽功率放大电路(OTL 类)

上两节介绍的互补推挽功率放大电路都是采用正负电源供电,在单电源供电的情况下,可用图 15-8 所示的单电源功率放大电路。传统的单电源功率放大电路输出常采用变压器耦合,这里省去了变压器,而采用电容耦合,故常称为无输出变压器(OTL)功率放大电路。

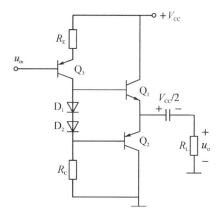

图 15-8　OTL 单电源功率放大电路

该电路利用已充电电容 C(电容值足够大)代替了图 15-6(a)电路中的负电源 $-V_{CC}$。由于功率晶体管 Q_1 和 Q_2 参数对称,改变前置级晶体管 Q_3(共射极接法)的静态工作点,可以使两只功率管的发射极电位为 $V_{CC}/2$。当输入信号为负半周时,Q_3 集电极信号为正半周,Q_1 发射结正向偏置,工作在放大状态,供电电源通

过 Q_1 向负载 R_L 提供电流,又同时向电容 C 充电,此时电容 C 两端电压近似为 $V_{CC}/2$。当输入信号为正半周时,Q_2 发射结正向偏置、集电结反向偏置,工作在放大状态,电容 C 通过 Q_2 向负载 R_L 放电。电容 C 起着图 15-6 (a)中的 $-V_{CC}$ 的作用,即用单电源代替了双电源。但注意,此时电路每只管子的实际工作电压并非原来电路正负电源中的 V_{CC} 而变成了 $V_{CC}/2$,所以在计算功率放大电路各项指标时要用 $V_{CC}/2$ 代替原计算公式中的 V_{CC}。

15.4　功率管的散热问题

功率管是功率放大电路中最容易受到损坏的器件,损坏的主要原因是管子的实际功率超过了额定数值 P_{CM}。而晶体管的 P_{CM} 取决于管子集电结的结温 T_j,当 T_j 超过允许值后,电流将急剧增大而使晶体管烧毁,一般最高允许的结温,硅管为 $120\sim180\ ℃$,锗管为 $85\ ℃$ 左右(具体数值可在产品手册查阅)。耗散功率是指在结温允许范围内的集电极电流 I_C 与集射电压 U_{CE} 之积。管子功率越大,结温越高,要保证结温不超过允许值,就必须将电路中的热能散发出去,散热条件越好,则相同结温下允许的管耗越大,输出功率也就越大,因此散热就成为功放电路需要考虑的一个重要问题。

为了改善功率管的散热情况,最常用的就是将功率器件安装在散热器上,利用散热器将热量散到周围空间,功率管典型的散热装置如图 15-9 所示。当散热器垂直或水平放置时,有利于通风,必要时再加上散热风扇,以一定的风速加强冷却散热,可达到更好的散热效果。

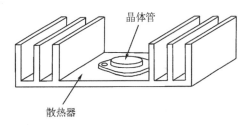

图 15-9　晶体管典型散热装置

功率晶体管的散热示意图如图 15-10 所示,T_j 是集电结的结温,T_c 是功率管的壳温,T_s 是散热器温度,T_a 是环境温度;集电结到管壳的热阻[①]为 R_{jc}(可从手册

---

　　①　当有热量在物体上传输时,在物体两端温度差与热源的功率之间的比值为热阻,单位是 ℃/W,即 $R_T = \dfrac{T_2 - T_1}{P}$,$T_1$ 为物体一端的温度,T_2 为物体另一端的温度,P 为发热源的功率。

查出),管壳至散热片的热阻为 R_{cs}(与是否有绝缘层、接触面积和紧固程度有关),散热片至周围环境的热阻为 R_{sa}(与散热片的形式、材料和面积有关)。散热的等效热路如图 15-11 所示。由图可求出散热回路的总热阻为

$$R_T = R_{jc} + R_{cs} + R_{sa} \qquad (15-17)$$

则功率管最大允许功耗为

$$P_{CM} = \frac{T_j - T_a}{R_T} \qquad (15-18)$$

式(15-18)中,若功率管的型号确定,则 T_j 也就确定。T_a 常以 25 ℃为基准,因而若想增大 P_{CM},必须减小 R_T。

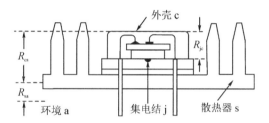

图 15-10 功率管的散热示意图

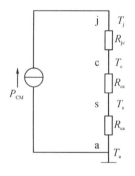

图 15-11 散热等效热路

例 15-3 现有低频放大功率管 3AD1 在环境温度 $T_a = 25$ ℃时的 $P_{CM} = 1$ W,管子的允许结温 $T_j = 85$ ℃,j-c 间热阻 $R_{jc} = 3.5$ ℃/W。若采用 120 mm×120 mm×3 mm 的散热器,已知其 $R_{sa} = 3.5$ ℃/W,$R_{cs} = 0.5$ ℃/W,试问:

(1)该功率管允许耗散的功率为多少?

(2)当室温升至 50 ℃时,功率管允许的耗散功率又为多少?

解 (1)由式(15-17)可得总热阻为

$$R_T = R_{jc} + R_{cs} + R_{sa} = (3.5 + 0.5 + 3.5) \text{℃/W} = 7.5 \text{℃/W}$$

由式(15-18)可求出功率管允许耗散的功率为

$$P_{CM} = \frac{T_j - T_a}{R_T} = \frac{85\,℃ - 25\,℃}{7.5\,℃/W} = 8\,W$$

计算表明,功率管装上散热器后可将允许耗散功率从 1 W 提高到 8 W。

(2)当室温升至 50 ℃时,功率管允许耗散的功率变为

$$P_{CM} = \frac{85\,℃ - 50\,℃}{7.5\,℃/W} \approx 4.7\,W$$

这说明环境温度升高时,允许的 P_{CM} 下降了。一般手册上给出的都是室温 25 ℃时的参数,因此在选功率管时必须考虑实际运行时的环境温度。

15.5　集成功率放大器 LM386 简介

随着集成电路技术的发展,集成功率放大器应用日益广泛。OTL、OCL 电路均有各种不同输出功率和不同电压增益的多种型号的集成电路。这里介绍一款低电压音频集成功放 LM386 的工作原理及其典型应用。

LM386 是为低电压应用设计的音频功率放大器,具有自身功耗低、电压增益可调、电源电压范围大、外接元件少和总谐波失真小等优点,广泛应用于录音机和收音机之中。LM386 内部电路原理图如图 15-12 所示,它是一个包含功率输出级的高增益直接耦合多级放大电路。

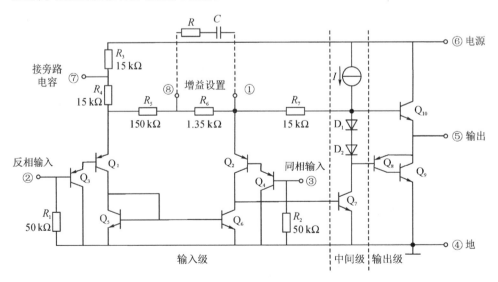

图 15-12　LM386 内部电路原理图

输入级为差分放大电路，Q_1 和 Q_3，Q_2 和 Q_4 分别构成复合管，作为差分放大电路的放大管，信号从 Q_3、Q_4 管的基极输入，Q_2 的集电极输出，为双端输入、单端输出差分电路。Q_5 和 Q_6 作为有源负载，可以使单端输出差分电路的增益近似等于双端输出电路的增益。

中间级为共射放大电路，Q_7 为放大管，恒流源作为有源负载，完成高增益的电压放大。

输出级中 Q_8 和 Q_9 复合成 PNP 型管，与 NPN 型管 Q_{10} 构成 AB 类互补推挽功率放大电路，为负载提供足够的电压和电流，且具有很小的输出电阻和较大的动态范围，二极管 D_1 和 D_2 为输出级提供合适的偏置电压，可以消除交越失真。

LM386 的管脚排列如图 15-13 所示，为双列直插塑料封装。其中：2 脚为反相输入端，3 脚为同相输入端，5 脚为输出端，6 脚为正电源端，4 脚为接地端，7 脚为旁路端（可外接旁路电容以抑制纹波），1 脚和 8 脚为电压增益设定端。当 1 脚和 8 脚开路时，负反馈最深，电压增益最小，设定值为 26 dB；当 1 脚和 8 脚接入 10 μF 电容时，负反馈最弱，电压增益最大，设定值为 46 dB。

LM386 采用单电源供电，输出端（5 脚）外接大容量电容 C_4 再串接负载，所以该电路属于 OTL 功率放大器，其典型应用如图 15-14 所示。该电路中，1 脚和 8 脚间接入电位器 R_2（10 kΩ）和 C_2（10 μF）电容的串联，调节电位器 R_2 可使电压增益在 26～46 dB 之间连续可调，且电阻 R_2 值越大，电压增益越小，当 $R_2 = 1.2$ kΩ 时，电压增益约为 34 dB。5 脚输出接 R_1 和 C_1 串联构成补偿网络与呈感性的负载（扬声器）相并联，最终使等效负载近似呈纯电阻性，以防止出现高频自激振荡和过压现象。7 脚外接旁路去耦电容 C_5，用以提高纹波抑制能力以及消除低频自激振荡。

图 15-13　LM386 的管脚排列

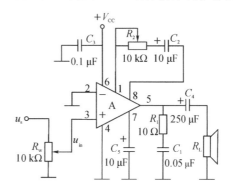

图 15-14　LM386 典型应用电路

习题 15

15-1　OCL 功放电路如题 15-1 图所示，输入电压 u_{in} 为正弦波，已知 $V_{CC} = 15$ V，

$R_L = 8\ \Omega$，晶体管的饱和压降$|U_{CES}| = 1\ \text{V}$。试问：

(1)负载能够得到的最大输出功率和能量转换效率最大值分别是多少？

(2)当输入信号$u_{in} = 12\sin(\omega t)\ \text{V}$时，负载得到的功率和能量转换效率又分别是多少？

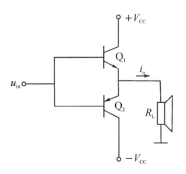

题 15-1 图

15-2　题 15-2 图所示 AB 类互补推挽功放电路。输入电压u_{in}为正弦波，静态时的输出电压为零。已知$V_{CC} = 12\ \text{V}$，$R_L = 8\ \Omega$，晶体管的饱和压降$|U_{CES}| = 3\ \text{V}$，试问：

(1)晶体二极管 D_1 和 D_2 的作用是什么？

(2)电路的最大输出功率和转换效率是多少？

(3)该功率放大电路对功率管的要求有哪些？

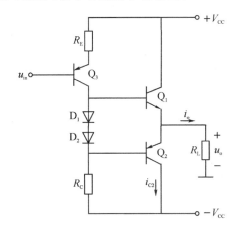

题 15-2 图

15-3　题 15-3 图所示电路,假设运放为理想器件,电源电压 $V_{CC}=\pm15$ V,输入
　　　信号 $u_{in}=U_{im}\sin(\omega t)$ V,晶体管的饱和压降 $|U_{CES}|=1$ V,试完成:

　　　(1) 分析 R_2 引入的反馈类型,并求出电压增益 $A=u_o/u_{in}$。

　　　(2) u_{in} 的振幅 U_{im} 为多大时,R_L 上可达到最大不失真输出电压 U_{om}?

　　　(3) 求出当 $u_{in}=100\sin(\omega t)$ mV 时的输出功率 P_O、电源供给功率 P_V 和能
　　　量转换效率 η 的值。

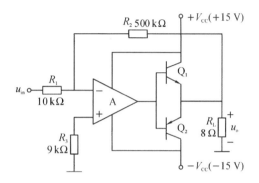

题 15-3 图

15-4　某功率放大电路中采用双极性晶体管,其允许功耗为 50 W,若最高结温不允
　　　许超过 175℃,环境温度大约是 25℃,已知 $R_{jc}=2$℃/W,$R_{cs}=0.5$℃/W,试
　　　求应选用热阻为多大的散热片。

15-5　题 15-5 图所示单电源互补推挽放大电路,若功率放大电路输出的最大功
　　　率 $P_{om}=100$ mW,负载电阻 $R_L=80$ Ω,晶体管的饱和压降 $|U_{CES}|$ 可忽略不
　　　计,试求电源电压 V_{CC} 的值。

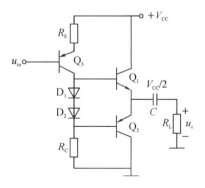

题 15-5 图

第16章　直流稳压电路

在电子电路和设备中,无一例外的都需要一个或者多个稳定的直流电源为其供电。因而,可以说直流电源是电子电路或电子设备的重要组成部分。本章介绍小功率直流电源的整流和稳压原理,最后介绍电子电路中常用的三端集成稳压器。

16.1　整流及滤波电路

直流电源包括降压、整流、滤波和稳压四部分,如图 16 - 1 所示。电子电路或者负载所需直流电压的数值较小,因而需要将 50 Hz、220 V 的电网电压适当降压后再进行处理。

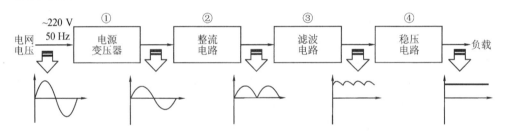

图 16 - 1　直流稳压电源的方框图

变压器二次绕组的交流电压可通过整流电路变换为直流电压,从图 16 - 1 可看出,该直流电压脉动较大,并不能直接作为电子电路的供电电源,需对其继续进行处理。为了减小直流电压的脉动,可通过滤波电路使其变得平滑,然而滤波电路属于无源滤波,接入负载后会影响滤波效果,对于稳定性要求不高的电子电路,整流、滤波后的直流电压可直接作为供电电源。

当电网电压波动或者负载变化时,直流输出电压也会随之改变,因此需要通过稳压电路对其稳压,以获得稳定的输出电压。

整流电路是利用二极管的单向导电特性,将正弦交流电压变换成单方向的脉动电压。在小功率直流电源中,经常采用单相全波或单相桥式整流电路。单相桥式整流电路由 4 只二极管组成,如图 16 - 2(a)所示,图 16 - 2(b)是简化图形符号。为了提高电子器件的可靠性,半导体生产厂商已经将 4 个二极管封装在一起,制成单相桥式整流模块(简称桥堆),其外形如图 16-2(c)所示。

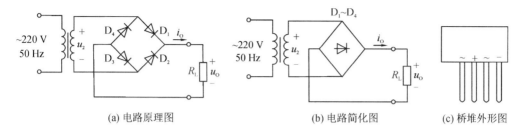

(a) 电路原理图　　　　　　　　(b) 电路简化图　　　　　　　(c) 桥堆外形图

图 16-2　单相桥式整流电路

设变压器二次侧电压 $u_2 = \sqrt{2}U_2\sin(\omega t)$,当 u_2 处于正半周时,二极管 D_1、D_3 因正向偏置而导通,D_2、D_4 因反向偏置而截止,电流通路如图 16-3(a)所示,若忽略二极管的管压降,负载电阻 R_L 上的电压就等于电压 u_2,即 $u_O \approx u_2$;当 u_2 处于负半周时,二极管 D_2、D_4 因正向偏置而导通,D_1、D_3 因反向偏置而截止,电流通路如图 16-3(b)所示,而此时负载电阻 R_L 上的电压 $u_O \approx -u_2$。

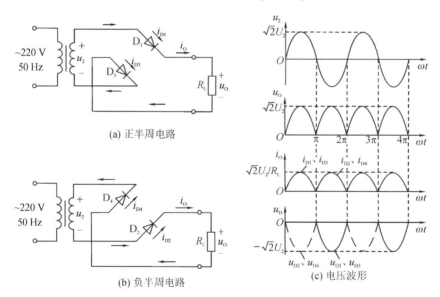

(a) 正半周电路

(b) 负半周电路

(c) 电压波形

图 16-3　单相桥式整流电路分析图

无论 u_2 处于正半周还是负半周,负载电阻 R_L 中有相同方向的电流流过,因此,输出电压 u_O 是单向脉动的直流电压。输出电压 u_O、输出电流 i_O、二极管承受的反向电压波形如图 16-3(c)所示,输出电压 u_O 的平均值 U_O 为

$$U_O = \frac{1}{\pi} \int_0^\pi \sqrt{2} U_2 \sin(\omega t) \, \mathrm{d}(\omega t) = \frac{2\sqrt{2} U_2}{\pi} = 0.9 U_2 \qquad (16-1)$$

负载电流的平均值 I_O 为

$$I_O = \frac{U_O}{R_L} = 0.9 \frac{U_2}{R_L} \qquad (16-2)$$

在单相桥式整流电路中,因为每只二极管只在变压器二次电压的半个周期通过电流,因此每只二极管的平均电流是负载平均电流的一半,即

$$I_D = \frac{1}{2} I_O = 0.45 \frac{U_2}{R_L} \qquad (16-3)$$

考虑到电网电压的波动范围为 $\pm 10\%$,在实际选用二极管时,应留有余量,故选用二极管的最大整流电流 I_F 应满足

$$I_F > 1.1 I_D \qquad (16-4)$$

由图 16-3(c)可见,二极管承受的最高反向电压就是变压器副边电压最大值 $\sqrt{2} U_2$。同理,考虑到电网电压的波动,选用二极管所能承受的最大反向电压 U_{RM} 应满足

$$U_{RM} \geqslant 1.1 \times \sqrt{2} U_2 \approx 1.6 U_2 \qquad (16-5)$$

整流电路虽然能将电网交流电压变换成直流电压,但其输出电压仍有相当大的交流成分,不能直接作为大多数电子电路及设备的供电电源。因此可利用储能元件(电容或电感)构成的滤波电路来减小输出电压的交流分量。电容滤波电路利用电容的充放电作用使输出电压趋于平滑,是最常见也是最简单的滤波电路,它在整流电路的输出端(即负载电阻 R_L 两端)并联一个电容,如图 16-4 所示。电容滤波电路滤波电容容量较大,因而一般采用电解电容,在接线时要注意电解电容的正、负极。

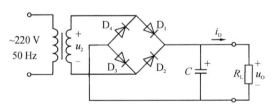

图 16-4　单相桥式整流电容滤波电路

当变压器二次电压 u_2 处于正半周且大于电容上电压 u_O 时,二极管 D_1、D_3 导通,变压器给负载供电,同时对电容充电。由于二极管的正向导通电阻和变压器的输出阻抗都很小(理想情况下为零),所以充电时间常数很小,u_O 随电压 u_2 的上升而上升,如图 16-5(a)中的 0—1 段。

　　在点 1 处，u_2 达到了最大值之后开始下降，电容放电，u_O 开始下降，趋势基本上与 u_2 相同，如图 16-5(a) 中的 1—2 段。但是由于电容是按照指数规律放电，且放电时间常数 $\tau = R_L C$ 大，所以当 u_2 降到一定数值后，u_O 的下降速度比 u_2 的下降速度慢很多。在这个过程中，u_O 将大于 u_2，使得 D_1、D_3 反向偏置而截止，此时 4 个二极管都是截止状态。此后，电容继续向负载电阻放电，u_O 按指数规律下降，波形如图 16-5(a) 中的 2—3 段。

　　当电容放电到图 16-5(a) 中所示的点 3 时，u_2 的负半周值 $-u_2$ 要大于 u_O，使 D_2、D_4 正向偏置而导通，u_2 再次对电容充电，充到 u_2 的最大值后，电容又开始放电。如此反复进行，输出电压 u_O 波形如图 16-5(a) 所示。由此可见，经电容滤波后的输出电压不仅变得平滑，而且提高了平均值。若考虑变压器内阻和二极管的导通电阻，则 u_O 的波形如图 16-5(b) 所示，阴影部分为整流电路内阻上的压降。

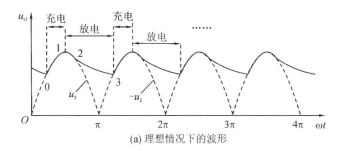

(a) 理想情况下的波形

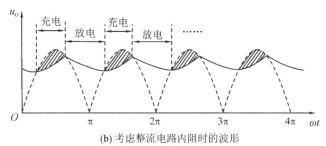

(b) 考虑整流电路内阻时的波形

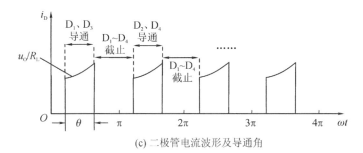

(c) 二极管电流波形及导通角

图 16-5　电容滤波电路的滤波作用

只有当电容充电时,二极管才能导通。因此,二极管的导通角 $\theta < \pi$,它比没有滤波电容时的二极管的导通角($\theta = \pi$)缩短了不少,而且放电时间常数 τ 越大,二极管的导通角 θ 越小,因此二极管在短暂的时间内将流过一个很大的冲击电流为电容充电,如图 16-5(c)所示。这对二极管的寿命很不利,所以必须要选用大电流的整流二极管。

电容滤波电路的输出电压是一个近似为锯齿波的直流电压,要准确计算其平均值比较麻烦,工程上常采用近似估算方法。输出电压平均值 U_O 随输出电流平均值 I_O 的变化如图 16-6 所示。当负载电流 $I_O = 0$(即负载电阻 $R_L = \infty$)时,输出电压 $U_O = \sqrt{2}U_2$。如果电容 C 不变,则输出电压 U_O 随负载电流 I_O 增加而减小;如果负载电流 I_O 一定时,输出电压 U_O 则随电容 C 的减小而减小,当电容 C 开路时,输出电压 $U_O = 0.9U_2$。

当时间常数 τ 增大时,输出电压纹波分量减小、平均值 U_O 增大;当 τ 减小时,输出电压纹波分量增大、平均值 U_O 减小,如图 16-7 所示。所以,电容滤波电路的输出电压 U_O 受负载 R_L 变化的影响比较大(即外特性差)。因此,电容滤波电路只适用于负载电流 I_O 比较小或者基本不变的场合。

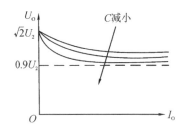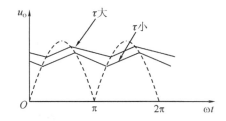

图 16-6　电容滤波电路的外特性　　　图 16-7　τ 不同时 u_O 的波形

由以上讨论可知,桥式整流电容滤波电路空载时输出电压的平均值最大,其值等于 $\sqrt{2}U_2$;当电容 C 开路时,输出电压平均值最小,其值等于 $0.9U_2$;当接入电容 C,且电路不空载($R_L \neq \infty$)时,输出电压的平均值取决于放电时间常数 τ 的大小,其值在上述二者之间。工程上通常按经验公式计算,即放电时间常数为

$$R_L C \geqslant (3 \sim 5)\frac{T}{2} \qquad (16-6)$$

则输出电压平均值为

$$U_O = (1.1 \sim 1.4)U_2 \qquad (16-7)$$

式中,T 是电源电压的周期。估算输出电压平均值时,放电时间常数较小时,取下限;放电时间常数较大时,则取上限;一般按 $U_O = 1.2U_2$ 估算。

桥式整流电容滤波电路中流过二极管的平均电流是负载平均电流的一半,即

$$I_D \approx 0.6 \frac{U_2}{R_L} \tag{16-8}$$

根据图 16-5(c)的分析,最大整流电流应留有充分的裕量,一般应满足

$$I_F > (2 \sim 3)I_D \tag{16-9}$$

而且最好采用硅管,它比锗管更经得起电流的冲击。

桥式整流电容滤波电路中,二极管截止时承受的最高反向电压与没有电容滤波时一样,仍为 $U_{RM} \geqslant 1.1U_{Rmax} \approx 1.6U_2$。

例 16-1　某桥式整流电容滤波电路如图 16-4 所示。交流电源频率为 50 Hz,输出直流电压为 30 V,负载电阻 $R_L = 120\ \Omega$,试估算变压器二次侧电压 U_2、选择整流二极管及滤波电容的大小。

解　(1)计算变压器二次侧电压 U_2

根据式(16-7)取 $U_O = 1.2U_2$,变压器二次侧电压的有效值 U_2 为

$$U_2 = \frac{U_O}{1.2} = \frac{30\ V}{1.2} = 25\ V$$

(2)选择整流二极管

流过整流二极管的电流为

$$I_D = \frac{U_O}{2R_L} = \frac{30\ V}{2 \times 120\ \Omega} = 125\ mA$$

根据式(15-9),二极管最大整流电流应满足 $I_F > (2 \sim 3)I_D$,取

$$I_F = 2 \times 125\ mA = 250\ mA$$

根据式(16-5),整流二极管承受的最高反向电压应满足

$$U_{RM} > 1.6U_2 = 40\ V$$

因此,可以选用二极管 2CP21,其最大整流电流为 300 mA,最大反向工作电压为 100 V。

(3)选择滤波电容

根据式(16-6),取 $\tau = 2.5T$,则

$$C = \frac{2.5T}{R_L} = \frac{2.5 \times (20 \times 10^{-3})\ s}{120\ \Omega} = 417\ \mu F$$

可以选取 $C = 470\ \mu F$、耐压 50 V 的电解电容器。

16.2　稳压电路

虽然整流滤波电路能将电网电压变换成较为平滑的直流电压,但是输出电压会随着输入电网电压波动、负载电阻的变化和温度的改变而发生变化。因此,为了

获得稳定的直流电压,必须采用稳压措施。

稳压电路的主要技术指标如下。

(1)电压调整率 S_U

当负载电流满载、环境温度保持不变,输入电压变化(常常是电网电压$\pm10\%$的波动)时,输出电压变化量 ΔU_O 与对应输入电压变化量 ΔU_{IN} 之比,即

$$S_U = \left\{ \left| \frac{\Delta U_O}{\Delta U_{IN}} \right|_{\Delta I_O=0,\Delta T=0} \right\} \times 100\% \qquad (16-10)$$

电压调整率越小,说明稳压电路在输入电压波动时的稳定性能越好。

(2)电流调整率 S_I

当输入电压、环境温度保持不变,输出电流最大变化条件下,常常是指负载电流从空载到满载的变化量,输出电压 U_O 相对变化量的百分比,即

$$S_I = \left\{ \left| \frac{\Delta U_O}{U_O} \right|_{\Delta U_{IN}=0,\Delta T=0} \right\} \times 100\% \qquad (16-11)$$

电流调整率越小,说明稳压电路输出电阻越低,负载电流波动时的稳定性能越好。

(3)温度系数 S_T

当输入电压、负载电流保持不变,并且在规定的温度范围内,单位温度变化所引起的输出电压 U_O 相对变化量的百分比,即

$$S_T = \left\{ \left| \frac{\Delta U_O/U_O}{\Delta T} \right|_{\Delta U_{IN}=0,\Delta I_O=0} \right\} \times 100\% \qquad (16-12)$$

温度系数越小,说明稳压电路的热稳定性越好,不易受到气温变化和工作温升的影响。

(4)纹波电压抑制比 S_{rip}

纹波电压是叠加于直流输出电压之上的交流电压(通常为 100 Hz),表示输出电压的微小波动,常用有效值或振幅表示,一般为毫伏数量级。通常用纹波电压抑制比表示稳压电路对输入纹波电压的抑制能力。纹波电压抑制比 S_{rip} 是输入纹波电压 U_{ipp}(峰峰值)与输出纹波电压 U_{opp}(峰峰值)之比的分贝数,即

$$S_{rip} = 20\lg \frac{U_{ipp}}{U_{opp}} \qquad (16-13)$$

(5)效率 η

稳压电路的效率定义为输出功率 P_O 与输入功率 P_{IN} 的比值,即

$$\eta = \frac{P_O}{P_{IN}} \qquad (16-14)$$

效率越高说明稳压电路内部耗散的功率越少,通常希望效率越高越好。

(6)静态电流 I_Q

在大功率输出时,静态电流往往可以忽略,但在低功耗输出时,要求静态电流

尽可能得小。

(7)最大输出电流 I_{Omax}

在室温且散热良好的条件下,稳压电路最大连续输出电流的能力。通常稳压电路内部带有过流保护功能,当输出电流超过 I_{Omax} 时会自动限流保护。

(8)输入输出最小压差 $(U_{\text{IN}}-U_{\text{O}})_{\min}$

在保证稳压电路正常工作条件下,输入电压与输出电压差 $(U_{\text{IN}}-U_{\text{O}})$ 的最小值。当稳压电路输入输出压差小于该指标时,稳压功能会失效,甚至不能工作。

最简单的稳压电路可由稳压二极管 D_{Z} 和限流电阻 R 所组成,在本书上册第 4 章中有过详细介绍,但是稳压管稳压电路输出电流较小,而且输出电压不可调,因此大多数场合下并不适用。串联型稳压电路以稳压管稳压电路为基础,利用晶体管的电流放大作用增大负载电流,并且在电路中引入电压串联负反馈,不仅使输出电压稳定,而且通过调整反馈系数使输出电压可调。

实用的串联型稳压电路至少由调整管、基准电压源电路、取样电路和比较放大电路四个部分组成。此外,为了使电路安全工作,还常在电路中加入了保护电路,串联型稳压电路方框图如图 16-8 所示。

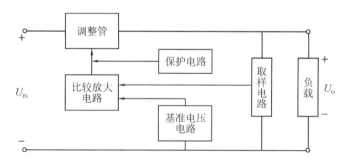

图 16-8　串联型稳压电路方框图

一个典型的串联型稳压电路如图 16-9 所示。图中,稳压管 D_{Z} 和限流电阻 R 组成基准电压源,基准电压 U_{Z} 接到集成运放的同相输入端;电阻 R_1 和 R_2 组成反馈网络,反馈电压 U_{F} 正比于输出电压 U_{O},它接到集成运放的反相输入端;集成运放对基准电压 U_{Z} 与反馈电压 U_{F} 的差值进行放大,得到电压 U_{B};晶体管 Q(可用功率晶体管或复合管)称为调整管,Q 的基极电压为集成运放的输出电压。电路中的反馈为电压串联负反馈,从而实现对输出电压的调整。由于调整管与负载电阻串联,故称之为串联型稳压电路。

在图 16-9 所示电路中,调整管 Q 工作在放大区,当电网电压或负载电阻发生变化使输出电压发生变化时,电路的负反馈作用将使输出电压维持稳定。例如,当电网电压波动或负载电阻变化引起输出电压 U_O 升高(降低),取样电路将这一变化趋势反馈到集成运放的反相输入端,并与同相端电位 U_Z 进行比较放大,放大后的电压 U_B 减小(升高),由于调整管接成射极输出器形式,因此,输出直流电压 U_O 必然减小(升高),从而使 U_O 维持稳定。这一稳压过程可表示如下:

$$U_O \uparrow \rightarrow U_F \uparrow \rightarrow U_B \downarrow \rightarrow U_O \downarrow$$

在理想运放条件下,$U_Z \approx U_F$,则输出电压为

$$U_O = \frac{R_1 + R_2}{R_2} U_Z \tag{16-15}$$

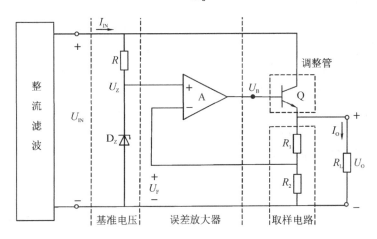

图 16-9　串联反馈型稳压电路

若忽略稳压电路自身的静态电流,串联稳压电路的输入电流 I_{IN} 与输出电流 I_O 近似相等,根据式(16-14)有

$$\eta = \frac{P_O}{P_{IN}} = \frac{U_O I_O}{U_{IN} I_{IN}} \approx \frac{U_O}{U_{IN}} \tag{16-16}$$

可见,输出电压与输入电压越接近,效率越高;两者相差越悬殊,越多的输入功率将耗散在调整管上,效率越低。为了既保证调整管工作在放大区,又不能耗散太多的功率,一般要求调整管的管压降 U_{CE} 在 3～5 V 之间为宜。

调整管的安全工作是稳压电路正常工作的保证。调整管一般为大功率管,其参数选取主要考虑大功率管的 I_{CM}、$U_{BR(CEO)}$ 和 P_{CM} 三个极限参数。从图 16-9 所示电路可以得出,调整管 Q 的发射极电流 I_E 等于流过电阻 R_1 中的电流和负载电流 I_O 之和,当负载电流最大时,流过 Q 管的发射级电流也最大,通常 R_1 中的电流可忽略,则调整管的最大集电极电流 $I_{Cmax} \approx I_{Omax}$。在工程中,选择

$$I_{CM} \geqslant 2I_{Omax} \tag{16-17}$$

调整管 Q 的管压降 U_{CE} 等于输入电压 U_{IN} 与输出电压 U_O 之差,当电网电压最大,输出电压最小时,调整管承受的管压降最大,即 $U_{CEmax}=U_{INmax}-U_{Omin}$。因此,调整管集射电压 $U_{BR(CEO)}$ 必须大于调整管 C - E 极间实际所承受的最大电压,在工程中,选择

$$U_{BR(CEO)} \geqslant 2U_{CEmax} \qquad (16-18)$$

当晶体管的集电极电流最大(即满载),且管压降最大时,调整管实际所承受的功耗最大,在工程中,选择

$$P_{CM} \geqslant I_{Cmax}U_{CEmax} \qquad (16-19)$$

另外,为了保证调整管有效地电压调整作用,调整管必须工作在放大区,当 $U_{IN}=U_{INmin}$、$U_O=U_{Omax}$ 时,调整管的管压降最小,一般选择

$$U_{CEmin} = (3 \sim 5) \text{ V} \qquad (16-20)$$

例 16-2　串联型稳压电路如图 16-9 所示,已知输入电压 U_{IN} 的波动范围为 $\pm 10\%$,稳压管 D_z 的稳定电压 $U_z=6$ V,取样电阻 $R_1=R_2=200$ Ω,负载电阻 $R_L=24$ Ω,试问:

(1)输出电压 U_O 是多少?

(2)为使调整管正常工作,U_{IN} 的值至少应取多少?

(3)给出选择调整管的参数。

解　(1)根据式(16-15),可得出

$$U_O = \frac{R_1 + R_2}{R_2}U_z = \frac{200 \text{ Ω} + 200 \text{ Ω}}{200 \text{ Ω}} \times 6 \text{ V} = 12 \text{ V}$$

(2)为了使调整管工作在放大区,根据式(16-20),可取 $U_{CEmin}=3$ V,在输入电压最小时,管压降最小,即 $U_{INmin}-U_O>U_{CEmin}$,考虑到输入电压的波动,则

$$0.9U_{IN} > U_{CEmin} + U_O = 15 \text{ V}$$

得出 $U_{IN}>16.7$ V,故 U_{IN} 至少应取 17 V。

(3)根据式(16-17),调整管的最大集电极电流 I_{CM} 应满足

$$I_{CM} \geqslant 2I_O = 2\frac{U_O}{R_L} = 2 \times \frac{12 \text{ V}}{24 \text{ Ω}} = 1 \text{ A}$$

根据式(16-18),调整管的集射电压 $U_{BR(CEO)}$ 应满足

$$U_{BR(CEO)} \geqslant 2U_{CEmax} = 2(U_{INmax}-U_O) = 2 \times (1.1 \times 17 - 12) \text{ V} = 13.4 \text{ V}$$

根据式(16-19),调整管的最大耗散功率应满足

$$P_{CM} \geqslant I_{Cmax}U_{CEmax} = 1 \text{ A} \times \frac{13.4}{2} \text{ V} = 6.7 \text{ W}$$

稳压电路在运行过程中,为了防止输出过流等故障,常采用相应的保护措施,例如采用限流保护电路就可以将输出电流限制某一规定值,如图 16-10(a)所示。

当稳压电路正常工作时,负载电流 I_O 不大,电流检测电阻 R 两端的压降 U_R 小于晶体管 Q_2 发射结的导通电压,Q_2 截止,不影响稳压电路的正常工作。当稳压电路出现过载或短路故障时,I_O 增大,使得 U_R 增大,当 U_R 增大到一定值时,Q_2 导通。此时流过 Q_2 管的电流 I_{C2} 使调整管基极电流 I_{B1} 减小,限制了输出电流 I_O 的增大。稳压电路加入限流保护电路后的外特性如图 16 - 10(b)所示。

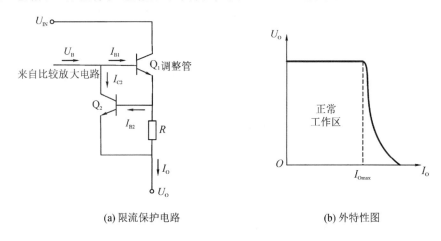

(a) 限流保护电路   (b) 外特性图

图 16 - 10 限流保护电路

16.3 三端集成稳压器

三端集成稳压器是在串联型稳压电路基础之上,增加精密基准电压源、过流、过热及调整管工作区安全保护等电路制作成的集成芯片。它有输入端、输出端和公共端三个引脚,因其外接元件少、性能稳定、价格低廉得到广泛应用。按输出电压是否可调,三端集成稳压器可分为固定式和可调式两种。

1. 固定式三端集成稳压器

固定式三端集成稳压器有正电压输出 X78×× 和负电压输出 X79×× 两个系列,型号后面两位数字表示输出电压的标称值,分 5 V、6 V、9 V、12 V、15 V 和 24 V 等多种,例如 X7805 表示输出电压值为 +5 V,而 X7905 表示输出电压值为 -5 V;最大输出电流在 0.1~1.5 A 有三挡,例如 X78×× 最大输出电流为 1.5 A;X78M×× 最大输出电流为 0.5 A;X78L×× 最大输出电流为 0.1 A。在温度为 25 ℃ 的条件下,几种常见的固定式三端稳压器的主要参数见表 16 - 1。

表 16 – 1　X78××部分系列的主要参数

参数名称	X7805			X7809			X7812			X7824		
	最小	典型值	最大	最小	典型值	最大	最小	典型值	最大	最小	典型值	最大
输入电压 U_{IN}/V	7.5	10	25	11.5	15	25	14.5	16	30	27	33	38
输出电压 U_O/V	4.75	5.0	5.25	8.6	9.0	9.4	11.4	12	12.6	22.8	24	25.2
输出电流 I_{Omax}/A		1.5			1.5			1.5			1.5	
静态电流 I_Q/mA		5.0	8		5.0	8			5.1	8	5.2	8
电压调整率 $S_U/\%$		0.08	2		0.06	2		0.08	2		0.07	2
电流调整率 $S_I/\%$		0.18	2		0.13	2		0.09	2		0.06	2
温度系数 $S_T/\%$		0.016			0.011			0.008			0.006	
纹波抑制比/dB	62	73		56	71		55	71		50	67	

固定式三端集成稳压器的封装形式有金属封装和塑料封装两种形式,其外形便于自身散热和安装散热器,如图 16 – 11 所示分别为 X78×× 和 X79×× 系列产品塑料封装的外形图和方框图。

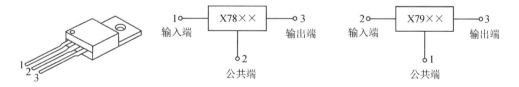

图 16 – 11　固定三端集成稳压器外形图及方框图

2. 固定式三端集成稳压器的应用电路

1)基本应用

三端固定集成稳压器典型接法如图 16 – 12 所示。图中,C_1 用以防止由输入引线较长所带来的电感效应而产生的自激振荡,C_2 用来减小由于负载电流瞬时变化而引起的高频干扰,C_3 为容量较大的电解电容,用来进一步减小输出纹波和低频干扰。使用时要特别注意,X78$\times\times$系列和 X79$\times\times$系列的管脚接法不同,如果连接不正确,极易损坏稳压器芯片。

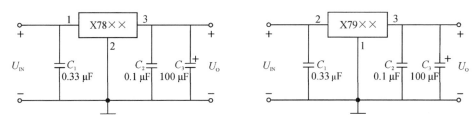

图 16-12　固定三端集成稳压器基本应用电路

例 16-3　由变压器、桥式整流、电容滤波和集成三端稳压器实现的直流稳压电源如图 16-13 所示。

(1)求输出电压 U_O 和输出电流 I_O 的最大值;

(2)讨论电压 U_{IN} 的范围,并确定一个具体值;

(3)确定变压器二次侧电压的有效值 U_2,并选择整流二极管的参数;

(4)确定电容器 C_1、C_2 和 C_3 的耐压值。

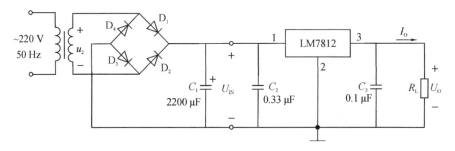

图 16-13　例 16-3 图

解　(1)由图 16-13 可见,电路所用三端稳压器是 LM7812,可知该电路输出直流电压 $U_O = 12\,V$,输出电流最大值 $I_{Omax} = 1.5\,A$。

(2)根据 LM7812 的参数规范,输入电压 U_{IN} 范围在 14.5~30 V 之间。输入与输出之间的最小压差 $(U_{IN} - U_O) = 3 \sim 5\,V$ 为宜,考虑到 220 V 电网电压 $\pm 10\%$ 波动时,稳压电路能正常工作,同时尽量减小三端稳压器自身功耗,即 $(0.9U_{IN} - 12\,V) \geqslant 3\,V$,得出 $U_{IN} \geqslant 16.7\,V$,这里选择 $U_{IN} = 17\,V$。

(3)根据式(16-7),取系数 1.2,可得

$$U_2 = U_{IN}/1.2 = 17 \text{ V}/1.2 \approx 14.2 \text{ V}$$

这里取变压器二次侧电压 $U_2 = 15$ V。当 LM7812 输出电流最大值 $I_{Omax} = 1.5$ A 时,二极管的平均电流 $I_D > 0.75$ A,根据式(16-9),二极管最大整流电流应满足

$$I_F \geqslant 2I_D = 1.5 \text{ A}$$

整流二极管承受的最高反向电压应满足

$$U_{RM} \geqslant 1.6U_2 = 24 \text{ V}$$

查阅器件手册可知,整流二极管 1N5200 的极限参数 $U_{RM} = 50$ V,$I_F = 2$ A,能满足要求。

(4)滤波电容 C_1 的耐压应大于 $\sqrt{2}U_2$,可取耐压 50 V、容量 2200 μF 的电解电容。电容 C_2 的耐压值应与 C_1 的耐压值相同,C_3 的耐压值必须大于集成稳压器的输出电压,并应留一定裕量,可取耐压 25 V、容量 0.1 μF 的电容。

2)具有正、负对称输出的稳压电路

实际应用中,如果需要同时输出正、负电压时,可用 X78×× 和 X79×× 系列的集成稳压器组成如图 16-14 所示的稳压电路。

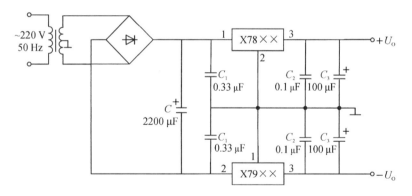

图 16-14　输出正、负电压的稳压电路

3)输出电压电流扩展电路

当所需要的输出电压高于稳压器的标称输出电压时,可采用图 16-15(a)所示的输出电压扩展电路。由公共端流出的电流 I_Q 是稳压器的静态工作电流,一般约为几毫安。设稳压器的标称输出电压为 U_O',则稳压电路的输出电压为

$$U_O = (1 + \frac{R_2}{R_1})U_O' + R_2 I_Q \qquad (16-21)$$

由于 I_Q 比较小,当 R_1、R_2 的阻值不是很大时,U_O 可近似表示为

$$U_O \approx (1 + \frac{R_2}{R_1})U_O' \qquad (16-22)$$

当所需要的输出电流大于稳压器的标称输出电流时,可采用图16-15(b)所示的输出电流扩展电路。图中 Q 为 PNP 型晶体管,输出总电流为

$$I_O = I_C + I_O' \qquad (16-23)$$

其中 I_O' 为稳压器的输出电流,I_C 为晶体管的集电极电流,由图16-15(b)可以得出

$$I_C = \beta I_B = \beta(I_{IN} - I_{R_1}) = \beta(I_{IN} - \frac{|U_{BE}|}{R_1}) \qquad (16-24)$$

其中 I_{IN} 为稳压器的输入电流,一般情况下 $I_{IN} = I_O'$。

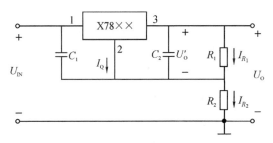

(a) 输出电压扩展电路

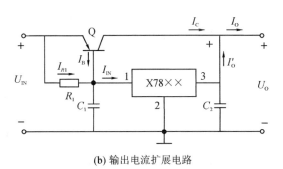

(b) 输出电流扩展电路

图 16-15　固定式集成三端稳压器的输出扩展电路

例 16-4　由三端集成稳压器 LM7805 组成的稳压电路如图 16-15(a)所示,已知:LM7805 静态电流 $I_Q = 5$ mA,$R_1 = 510$ Ω、$R_2 = 1$ kΩ,试计算输出电压 U_O 的大小。

解　LM7805 输出直流电压 $U_O' = 5$ V,则

$$I_{R_1} = \frac{U_O'}{R_1} = \frac{5 \text{ V}}{510 \text{ Ω}} \approx 10 \text{ mA}$$

LM7805 静态电流 $I_Q(=5$ mA$)$与其相比不可忽略。因此,按式(16-21)计算输出电压为

$$U_O = (1 + \frac{R_2}{R_1})U_O' + R_2 I_Q$$

$$= (1 + \frac{1000\ \Omega}{510\ \Omega}) \times 5\ \text{V} + 510\ \Omega \times (5 \times 10^{-3}\ \text{A})$$

$$\approx 19.8\ \text{V}$$

例 16 - 5　由三端集成稳压器 LM7805 组成的大电流稳压电路如图 16 - 15(b) 所示,已知:晶体管的 $\beta = 10$、$|U_{BE}| = 0.3$ V,电阻 $R_1 = 0.5\ \Omega$,LM7805 输出电流 $I_O' = 1$ A、输入电流 $I_{IN} = I_O' = 1$ A。试计算电路输出总电流 I_O 的大小。

解　根据式(16 - 24),可以计算出晶体管集电极电流 I_C 为

$$I_C = \beta(I_{IN} - \frac{|U_{BE}|}{R_1}) = 10 \times (1\ \text{A} - \frac{0.3\ \text{V}}{0.5\ \Omega}) = 4\ \text{A}$$

根据式(16 - 23)则可以求出 I_O 的大小为

$$I_O = I_C + I_O' = 4\ \text{A} + 1\ \text{A} = 5\ \text{A}$$

3. 可调式三端集成稳压器

前面介绍的集成稳压器,只能输出固定电压,在有些应用场合不太方便,而可调式三端集成稳压器不仅保持了固定式集成稳压器的简单方便,又能在一定范围内输出任意电压值,因此可以将它作为一种通用化、标准化的集成稳压器用在各种场合。

LM117(正输出)和 LM137(负输出)是一种应用广泛的可调式三端集成稳压器,其最大输入电压为 40 V(或 −40 V),输出电压在 1.25～37 V(或 −37～−1.25 V)连续可调,最小输入输出电压差为 3 V,最大输出电流为 1.5 A,静态电流为 50 μA。器件内部输出端与调节端之间的基准电压为 1.25 V。

LM117 和 LM137 的外形符号如图 16 - 16 所示,使用时必须注意,二者的引脚不同。LM117 的引脚 3 是输入端,引脚 2 是输出端;LM137 的输入输出端与其相反,它们的调节端(adj)均为引脚 1。

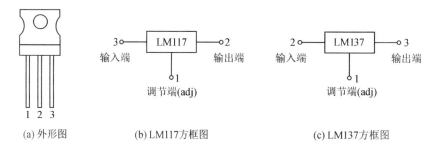

(a) 外形图　　　(b) LM117方框图　　　(c) LM137方框图

图 16 - 16　可调式三端集成稳压器外形及方框图

以 LM117 为例,其典型接法如图 16-17 所示。器件内部输出端与调节端之间的基准电压 $U_{REF}=1.25$ V,静态电流 I_Q 等于 50 μA。输入直流电压 U_{IN} 接引脚 3,引脚 2 与引脚 1 之间接固定电阻 R_1,引脚 1 对地接可调电阻 R_P,改变可调电阻 R_P 就会使电路输出电压 U_O 可调。由图 16-17,稳压器正常工作时输出电压 U_O 为

$$U_O = U_{REF}(1 + \frac{R_P}{R_1}) + R_P I_Q \qquad (16-25)$$

如果忽略 I_Q,输出电压 U_O 为

$$U_O = U_{REF}(1 + \frac{R_P}{R_1}) \qquad (16-26)$$

式中,固定电阻 R_1 通常取 120~240 Ω,可保证稳压电器在空载时也能正常工作,调节 R_P 则可改变输出电压的大小。

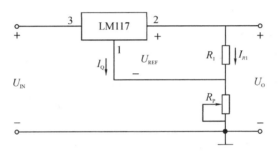

图 16-17 LM117 集成稳压器典型接法

例 16-6 集成稳压器 LM117 的典型接法如图 16-17 所示。已知:电阻 R_1 = 240 Ω,可调电阻 R_P = 6.8 kΩ,LM117 静态电流 I_Q = 50 μA。试计算输出电压 U_O 的大小。

解 由图可知,电阻 R_1 两端电压 U_{REF} = 1.25 V,则可得出

$$I_{R_1} = \frac{U_{REF}}{R_1} = \frac{1.25 \text{ V}}{240 \text{ Ω}} = 5.2 \text{ mA}$$

LM117 静态电流 I_Q = 50 μA 与其相比可以忽略。因此,当可变电阻 R_P = 6.8 kΩ 时,按式(16-26)计算输出电压为

$$U_O = U_{REF}(1 + \frac{R_P}{R_1}) = 1.25 \times (1 + \frac{6.8 \times 10^3}{240}) \text{ V} \approx 37 \text{ V}$$

所以,输出电压可在 1.25 V~37 V 之间可调。

图 16-18 所示为用 LM117 和 LM137 组成的正、负输出电压可调稳压器。图中 C_1、C_2 为了预防自激振荡的产生,C_3、C_4 用来改善输出电压波形。

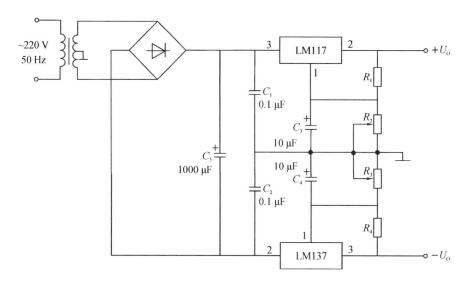

图 16 - 18 正、负输出电压可调的稳压器

习题 16

16 - 1 题 16 - 1 图所示单相桥式整流电路,已知 $u_2 = 25\sin(\omega t)$ V,$f = 50$ Hz。

(1)当 $R_L C = (3 \sim 5) T/2$ 时,估算输出电压 U_O;

(2)当负载电阻开路时,输出电压 U_O 有何变化?

(3)当滤波电容开路时,输出电压 U_O 有何变化?

(4)当某一个二极管 D 开路或短路时,输出电压 U_O 有何变化?

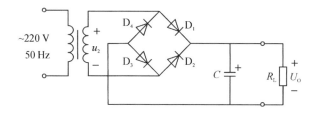

题 16 - 1 图

16 - 2 题 16 - 2 图所示直流稳压电源,已知 $U_Z = 5.4$ V,$R_1 = R_2 = R_w = 300$ Ω,$R_L = 5$ Ω。

(1)说明电路中各元件的功能;

(2)输出电压 U_O 的可调范围;

(3)调整管 Q 允许的最大集电极电流 I_{CM} 是多少?

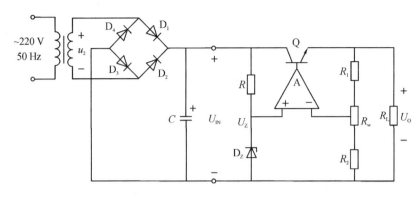

题 16-2 图

16-3　题 16-3 图中画出了两个用三端集成稳压器组成的电路,已知静态电流 I_Q
　　　$=5$ mA。

　　　(1)写出图(a)中电流 I_O 的表达式,并算出其具体数值;

　　　(2)写出图(b)中电压 U_O 的表达式,并算出其具体数值;

　　　(3)说明这两个电路哪一个具有恒流特性,哪一个具有恒压特性?

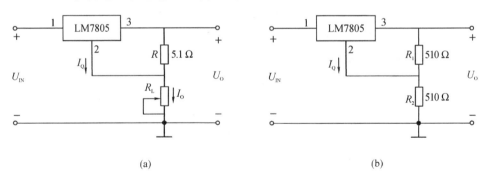

(a)　　　　　　　　　　　　　　(b)

题 16-3 图

16-4　题 16-4 图所示稳压电路,已知 $I_Q=5$ mA,晶体管的 $\beta=50$,$|U_{BE}|=0.7$ V,
　　　集成运放为理想器件,直流输入电压能满足三端集成稳压器正常工作的要
　　　求。试分别写出两个电路输出电压 U_O 的表达式,并求其值。

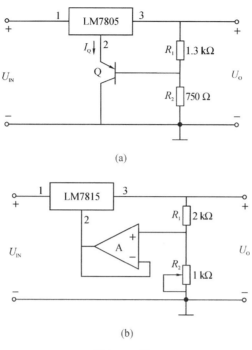

(a)

(b)

题 16－4 图

16－5　题 16－5 图所示是由三端集成稳压器 LM117 组成的输出电压可调的典型
　　　电路。已知集成稳压器内部基准电压 $U_{REF} = 1.25$ V、静态电流 $I_Q = 50$
　　　μA、最小压差 $U_{IN} - U_O = 3$ V。

　　　(1)当 $R_P = 3$ kΩ 时,求输出电压 U_O;

　　　(2)调节 R_P 从 0 变化到 5.1 kΩ 时,求输出电压的调节范围;

　　　(3)该稳压电路的输入电压 U_{IN} 至少应该取多大?

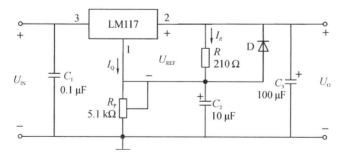

题 16－5 图

附录　使用 Micro-Cap 12® 的电路仿真

用电路仿真技术检验电路的预期行为,不仅节省了电路设计的时间和成本,而且能够给予电路设计提供一定的指导,其工具软件的使用已成为当今电子电路分析和设计人员所必须具备的基本技能。目前,市场上比较流行的电路仿真软件有 ORCAD、Multisim、Tina、LTspice、Micro-Cap 等。

Micro-Cap 是一款用于模拟和数字电路设计和仿真的软件,由美国加州 Spectrum Software 公司推出,软件名来自 Microcomputer Circuit Analysis Program(微型计算机电路分析程序)。从 1982 年颁布以来,目前已到 Micro-Cap 12(以下简称 MC)。该软件的下载与使用完全免费,它有两种版本,32 位版本的可以访问 2 GB 的 RAM,64 位版本的可访问多达 192 GB 的 RAM。MC 有友好的界面,用它编辑的电路图可方便地拷贝至 WORD 和 PPT 中并进行修改。MC 具有丰富的器件库、灵活的参数设置、完整的分析选项、强大的波形后处理功能和一定的电路设计功能,如瞬态分析、交流分析、直流分析、灵敏度分析、传输函数、谐波失真分析、互调失真分析以及优化器、FFT 等。此外,该软件还提供了较强的计算功能,这对于使用者极其方便。

注意:该软件中的电气元器件符号、量和单位等,部分与我国有关国家标准不一致,这里仅供学习参考。为真实呈现该软件运行过程和结果,本章保留其界面和电路图原貌。

A. 1　电路图编辑

用 MC 做电路仿真的过程如下。

(1)编辑电路图。运行 MC,自动新建一个文件名为 circuit1 的空白电路文件。用户可以根据需求从元件库中选择器件并放置在空白的仿真区,编辑器件参数并连线。

(2)指定分析类型并分析。单击 Analysis 菜单,将会出现一个包括不同类型分析的列表,有瞬态分析、交流分析、直流分析等。

(3)输出结果显示及后处理。电路的电压、电流以列表、曲线和公式的方式显示。

下面通过实例讲述如何编辑电路图。

启动 MC,在计算机显示器上出现它的主界面,如图 A-1 所示。该界面由菜单栏、工具栏、电路输入窗口等多个区域构成。图中空白的工作区是编辑区。标题栏下面是一个可操作的菜单行选项,有:文件操作、分析操作、窗口显示等。

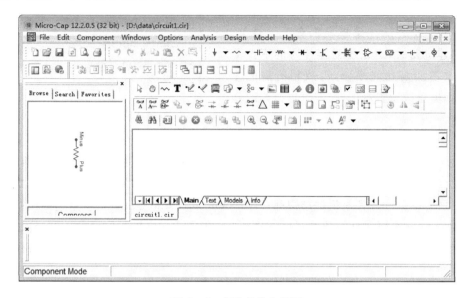

图 A-1　MC 软件主界面

MC 工具栏分为两部分,基本工具栏 1 如图 A-2 所示,从左至右分别为:新建工程、打开、保存、还原、打印预览、打印、撤销、重做、剪切、复制、粘贴、删除、全选。工具栏 2 如图 A-3 所示。

图 A-2　基本工具栏 1

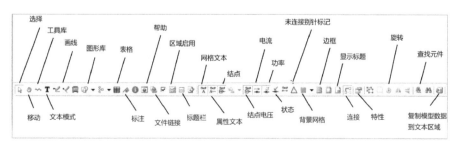

图 A-3　基本工具栏 2

MC 为用户提供了比较丰富的器件,
如图 A - 4 所示,有 4 万多种器件及器件模
型,按类型和型号逐级展开。具体的器件
库分别是:模拟基本器件库、模拟器件库、
数字基本器件库、数字器件库、动态器件库
等。每个器件库主菜单项都有下拉菜单,
在搭建电路时,点击所需器件库的下拉菜
单,单击所需功能模块,再放到所需的位
置,弹出参数设置对话框,即可进行修改和
设定。

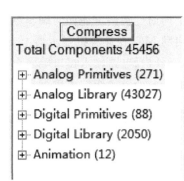

图 A - 4　器件库

运行 MC,自动新建一个文件名为
circuit1 的空白电路文件,进入仿真工作区,自动有一个电阻器件,如图 A - 5 所示。
将电阻放到仿真空白区后,单击电阻图形符号,即打开属性对话框,如图 A - 6 所
示。所有器件的属性对话框结构都一样,Name 和 Value 是元件的参数名称和参数
值,在 Show 选项上打勾使其显示在图纸上,在 Value 中输入电阻值。Display 区
将设置元件的引脚标记、引脚名称、引脚编号和电流、功耗、工作状态等显示在图
纸上。

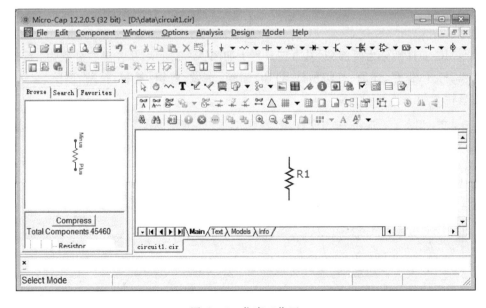

图 A - 5　仿真工作区

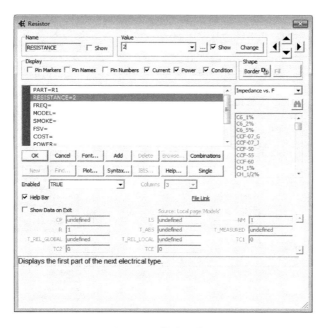

图 A-6　仿真工作区

对话框最大的一部分是参数设置区：

PART：元件的标号。

RESISTANCE：元件的值。

FREQ：定义和频率有关的电阻值。

MODEL：定义电阻模型。

SMOKE：应力分析，用于确定最大运行条件。

FSV：标准值。

COST：元件价格，用于核算成本。

POWER：元件消耗功率，用于分析电路的功耗。

PACKAGE：元件的 PCB 封装。

选择菜单栏 Windows/Component Editor，如图 A-7 所示，Shape Name 栏可选择 Resistor_Euro，这是电阻图形符号的欧洲形式。

选择 Analog Primitives/Passive Components 库，点取二极管 Diode，移到仿真空白区，单击弹出属性对话框，数值修改完，单击工具栏 ，或右击鼠标对其旋转，如图 A-8 所示。点击工具栏 或键盘"Esc"键，返回进行下一个元件的放置。

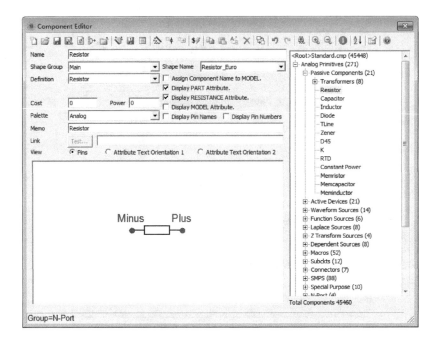

图 A – 7　Window/Component Editor 菜单

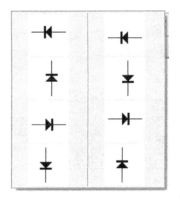

图 A – 8　二极管的旋转

选择 Analog Primitives/Dependent Sources 库,有常用的受控电流源 IofI 和 IofV、受控电压源 VofI 和 VofV,点取电流控制的电压源,单击弹出属性对话框,如图 A – 9 所示,Value 一栏为跨阻。

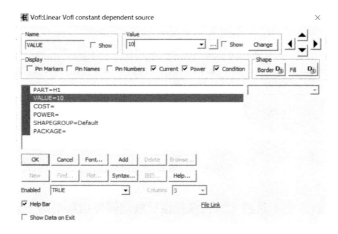

图 A-9 电流控制电压源参数对话框

选择 Analog Components/Waveform Sources 库,点取电压源 Battery,单击弹出属性对话框,如图 A-10 所示,对话框下方可以选择不同类型电源,有脉冲 Pulse,正弦 Sin,分段线性电压源 PWL 等,在其属性窗中赋值。单击 Plot,可查看已设置参数的电压波形。

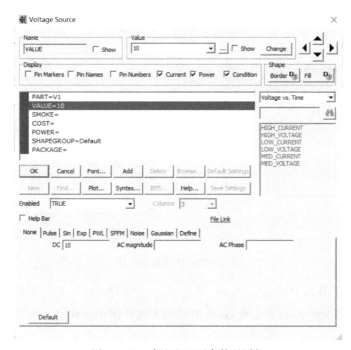

图 A-10 直流电压源参数对话框

选择工具栏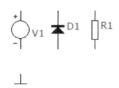，绘制接地符号，注意：每一个电路必须要有接地结点，如图 A-11
所示。

图 A-11　放置接地符号

端子间连线，点击工具栏 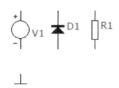，当鼠标指针放到器件的某个端子，按住左键并移
动鼠标，会出现一根导线，将鼠标移动到另一个器件的端子上，释放鼠标，完成两个
端子间的连接。

A. 2　直流分析

直流分析时，电源交流分量被置零，电容和电感分别开路和短路。本节用一个
很简单的直流电路说明电路分析的主要过程。图 A-12 所示为 2 Ω 电阻 R1 和 4
Ω 电阻 R2 的串联电路，直流电源的电压 V1 为 18 V。

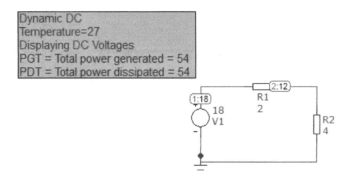

图 A-12　计算结点电压

(1)点击工具栏中结点 按钮，单击 Analysis/Dynamic DC，弹出温度设置对
话框如图 A-13 所示，设置温度后，点击 OK，在电路图中出现结点及结点电压，点击
上方工具栏中电流和功率 按钮，在电路图中出现器件电流和功率，如图 A-14
所示，pg＝54 表示电压源发出功率为 54 W，pd＝18 表示电阻 R1 消耗功率为 18 W。

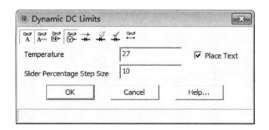

图 A-13　温度设置

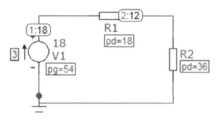

图 A-14　显示电流与功率

(2) 单击 Analysis/DC Analysis 进行直流扫描, 计算和显示直流传输特性, 即直流输出电压与输入或器件参数之间的关系, 弹出参数设置对话框如图 A-15 所示, R1 在 0~2 Ω 之间变化, 观测输出结点 2 电压 V(2), 单击 Run 按钮弹出传输特性曲线, 输出电压 V(2) 随电阻 R1 的变化规律如图 A-16 所示。

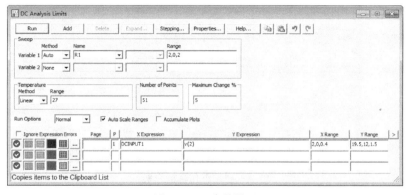

图 A-15　参数设置

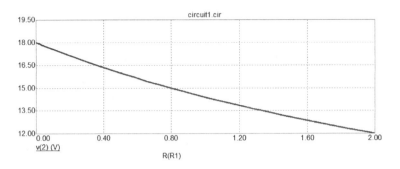

图 A-16　输出电压的变化曲线

A.3　半导体二极管

　　进入 MC 仿真工作区,从工具栏中器件库中选取电压源、二极管、电阻和接地符号等,点击工具栏 **T** 设置输出 out。电压源参数框如图 A-17 所示,选择 Sin 设置成振幅 VA 为 20 V、频率 F0 为 50 Hz 的正弦波。点击工具栏 ✱ 二极管器件,如图 A-18 所示,选择二极管型号,器件主要参数如表 A-1 所示。绘出单相桥式整流电路如图 A-19 所示。

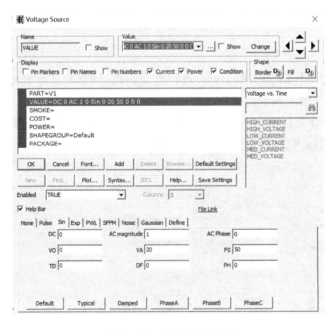

图 A-17　电压源的参数

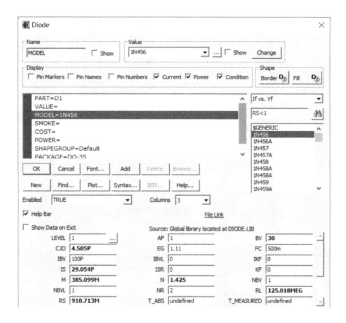

图 A - 18 二极管的参数

表 A - 1 二极管(以型号 IN456 为例)的主要参数

序号	关键字	名称	默认值
1	BV	反向击穿电压	30 V
2	IBV	反向击穿电流	100 pA
3	IS	反向饱和电流	29.054 pA
4	N	发射系数	1.425
5	RS	串联电阻	910.713 mΩ
6	M	梯度系数	385.099 m
7	EG	禁带宽度	1.11 eV
8	CJO	零偏结电容	4.505 pF
9	TT	渡越时间	5 μs
10	VJ	结电压	700 mV

单击 Analysis/Transient,弹出对话框中,点击 Add,在 Y Expression 栏中设置输出电压 v(out),设置仿真终止时间为 40 ms。最大时间步长 Maximum Time Step 为 0 时默认 1/50 的终止时间,设为 0.1 mS,如图 A - 20 所示。单击 Run 按钮,可得单相桥式整流电路输出电压波形,如图 A - 21 所示,输出为脉动直流。

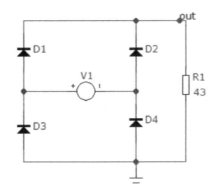

图 A - 19　单相桥式整流电路

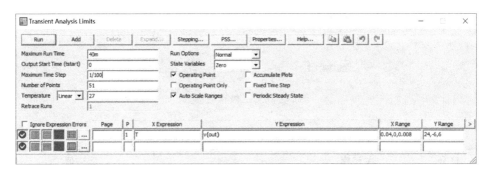

图 A - 20　参数设置

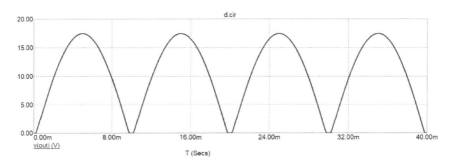

图 A - 21　单相桥式整流电路输出电压波形

A.4　双极性晶体管

进入 MC 仿真工作区编辑阻容耦合共射放大电路,从器件库中选取电压源、晶体管、电阻、电容、开关和接地符号,点击工具栏 **T**,设置输入 in 和输出 out,绘制电路如图 A - 22 所示。开关 Switch 闭合,电路带负载;Switch 断开,电路空载。选择晶体管的型号,如图 A - 23 所示。晶体管的主要参数如表 A - 2 所示,其中 BF 参数即 $\beta=120$。点击晶体管属性对话框中 Plot 按钮,得到晶体管输出特性,如图 A - 24 所示。

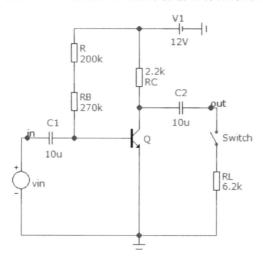

图 A - 22 阻容耦合共射放大电路

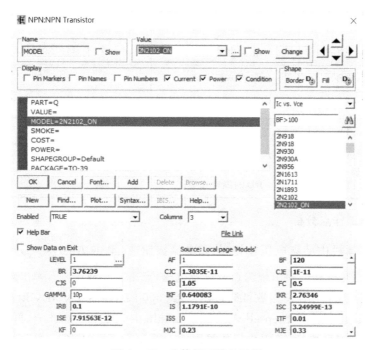

图 A - 23 晶体管型号的选择

表 A – 2 晶体管(以 2N2102_ON 为例)型号的主要参数

序号	关键字	名称	默认值
1	AF	噪声指数	1
2	BF	最大正向电流增益	120
3	BR	最大反向电流增益	3.76239
4	CJC	集电结电容	$1.3035\mathrm{E}-11$ F$(1.3035\times10^{-11}$ F$)$
5	CJE	发射结电容	$1\mathrm{E}-11$ F$(1\times10^{-11}$ F$)$
6	CJS	衬底电容	0
7	EG	禁带宽度	1.05 eV
8	IS	饱和电流	$1.1791\mathrm{E}-10$ A$(1.1791\times10^{-10}$ A$)$
9	ISC	集电结漏电流	$3.24999\mathrm{E}-13$ A$(3.24999\times10^{-13}$ A$)$
10	ISE	发射结漏电流	$7.91563\mathrm{E}-12$ A$(7.91563\times10^{-12}$ A$)$
11	KF	噪声系数	0
12	NC	集电结漏电系数	3.96875
13	NE	发射结漏电系数	3.31476
14	NF	正向电流系数	1.42901
15	RB	最大基极电阻	0.1 Ω
16	RBM	最大基极电阻	0.1 Ω
17	TF	正向传递时间	$1\mathrm{E}-09$ s$(1\times10^{-9}$ s$)$
18	TR	反向传递时间	$1\mathrm{E}-07$ s$(1\times10^{-7}$ s$)$
19	TRB1	RB 的温度系数	0

1. 静态工作点分析

点击工具栏中结点电压按钮▓和电流按钮▔,单击 Analysis/Dynamic DC,设置温度后,在电路图中出现结点及结点电压,点击工具栏中▓,弹出对话框如图 A – 25 所示,选择电阻 R 参数可调,从 0 Ω 到 500 kΩ,步进 100 kΩ,Step It 栏中选择 Yes,Change 栏选择 Step all variables simultaneously,单击 Start,再双击 next,当 R=200 kΩ 时的结点电压及电流如图 A – 26 所示,即 $I_B=24.194\ \mu A$,$I_C=2.879$ mA,$V_{CE}=5.665$ V。

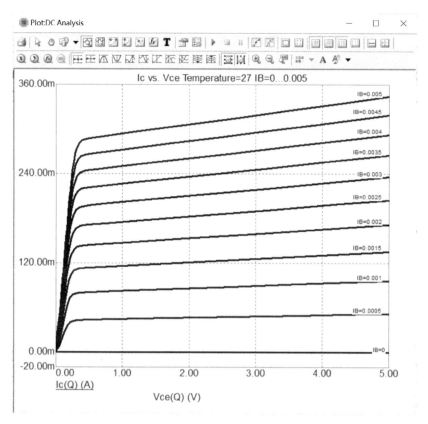

图 A - 24　晶体管输出特性

图 A - 25　参数设置

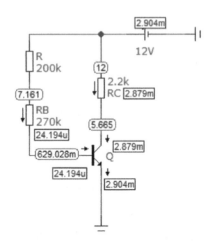

图 A - 26　直流通路

2. 阻容耦合放大电路的电压增益

将图 A - 22 中开关 Switch 闭合,接入负载,设置信号源 vin 的振幅为 1 mV,频率为 1 kHz,单击 Analysis/Transient,弹出对话框如图 A - 27 所示,设置最大仿真时间 5 ms,输入电压 v(in),输出电压 v(out),点击 Run,得到小信号放大电路输入电压 v(in),输出电压 v(out)波形,点击空白区域弹出对话框,如图 A - 28 所示,单击 Plot/Plot Group,选择 2,可以分开显示波形,如图 A - 29 所示,可见输出电压与输入电压反相,输出电压振幅约为 140 mV,故电压增益 $A = -140$。

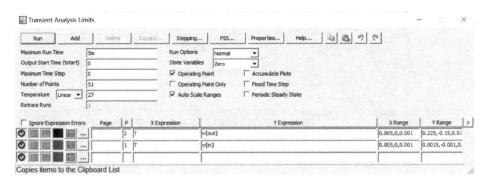

图 A - 27　仿真参数设置

图 A-28 参数设置

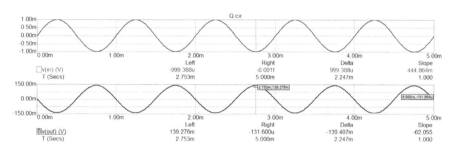

图 A-29 小信号放大电路的输入与输出电压波形

A.5 场效应晶体管

进入 MC 仿真工作区搭建 N 沟道增强型场效应管阻容耦合共源放大电路,从工具栏中器件库中选取电压源、电阻、电容、开关和接地符号,点击仿真区左下方器件库,如图 A-30 所示,选择 Analog Primitives/Active Devices,点取场效应管 DNMOS,移到编辑区中所需放置的位置,单击鼠标左键,弹出属性对话框,如图 A-31 所示。场效应管的主要参数如表 A-3 所示。点击场效应管属性对话框中 Plot 按钮,得到其输出特性,如图 A-32 所示。绘制电路,点击工具栏 **T**,设置输入 in 和输出 out,如图 A-33 所示。

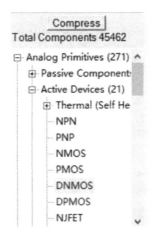

图 A - 30　DNMOS管

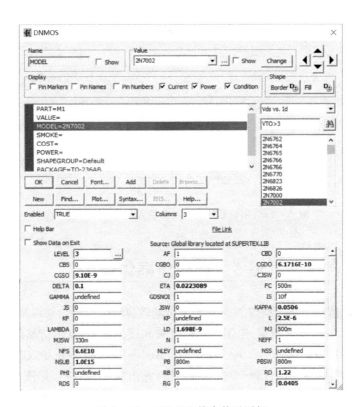

图 A - 31　DNMOS管参数对话框

表 A - 3　场效应管(以 2N7002 为例)型号的主要参数

序号	关键字	名称	默认值
1	CBD	漏源极电容	0 F
2	CGDO	栅漏交迭电容	$6.1716E-10$ F(6.1716×10^{-10} F)
3	CJ	0 V 偏置下结耗尽电容	0 F
4	CJSW	边缘电容	0 F
5	IS	饱和电流	10 fA
6	VTO	阈值电压	2.0 V
7	FC	正向偏耗系数	500 m
8	RDS	漏源极并联电阻	0 Ω
9	RG	栅极电阻	0 Ω

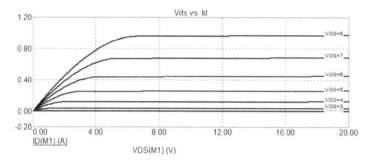

图 A - 32　DNMOS(2N7002)输出特性

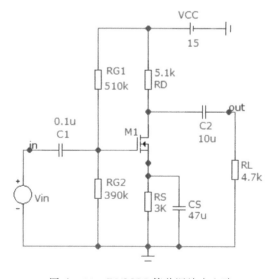

图 A - 33　DNMOS 管共源放大电路

点击工具栏中结点电压按钮![]和电流按钮![],单击 Analysis/Dynamic DC,设置温度后,在电路图中出现结点及结点电压,如图 A-34 所示,静态工作点:$I_D=1.457$ mA,$V_G=6.5$ V,$V_{GS}=V_G-V_S=6.5$ V-4.37 V$=2.13$ V,$V_{DS}=V_D-V_S=7.571-4.37=3.201$ V,$V_{DS}>V_{GS}-V_T$,管子工作在放大区。

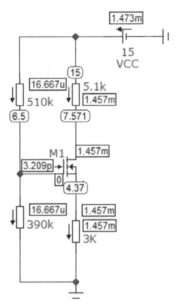

图 A-34　DNMOS 管的直流偏置

图 A-33 中,将信号源 vin 振幅设置为 1 mV,频率为 1 kHz,对该放大电路进行动态分析。单击 Analysis/Transient,弹出对话框中设置最大仿真时间设置 5 ms,输入电压 v(in),输出电压 v(out),点击 Run,得到小信号放大电路输入电压和输出电压波形,点击空白区域弹出对话框,单击 Plot/Plot Group,选择 2,如图 A-35 所示,输出电压振幅约为 28 mV,电压增益 $A=-28$。

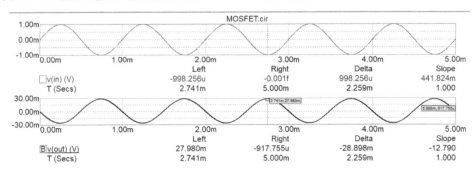

图 A-35　输入电压与输出电压的波形

A.6 运算放大器

进入 MC 仿真工作区,点击工具栏中 ⬨▼,选取运算放大器,弹出属性对话框,如图 A-36 所示。属性框右侧选择所需的运放型号,对话框下方设置相应的参数,运放的主要参数说明如表 A-4 所示。点击对话框中 Plot 按钮,得到该运放开环增益随频率变化的曲线,如图 A-37 所示。

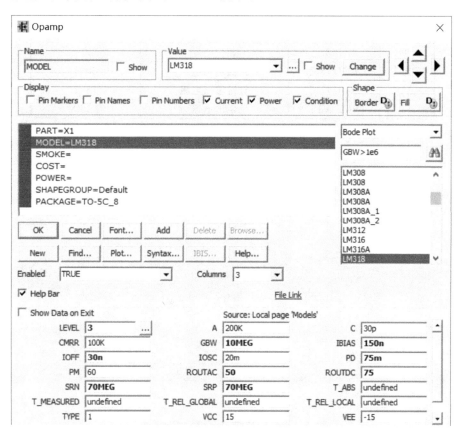

图 A-36 运放属性对话框

表 A - 4　LM318 主要参数说明

序号	关键字	名称	默认值
1	A	直流开环电压增益	200 k
2	C	补偿电容	30 pF
3	CMRR	共模抑制比	100 k
4	GBW	增益带宽乘积	10 MHz
5	IBIAS	输入偏置电流	150 nA
6	IOFF	输入失调电流	30 nA
7	IOSC	输出短路电流	20 mA
8	PD	功耗	75 mW
9	PM	相位裕度	60°
10	ROUTAC	交流输出电阻	50 Ω
11	ROUTDC	直流输出电阻	75 Ω
12	VCC/VEE	供电电压	±15 V

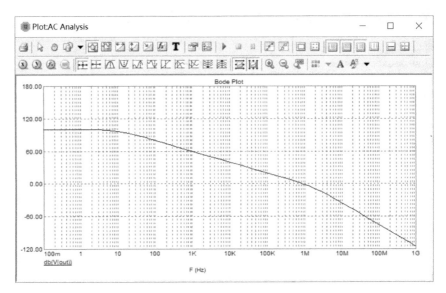

图 A - 37　LM318 开环增益幅频特性

　　编辑反相比例运算电路,如图 A - 38 所示,图中 VC 和 VE 为运算放大器的供电电压。选定运放型号后,弹出对话框,供电电压默认已经接通。单击 Analysis/DC Analysis 进行直流扫描,弹出对话框,在 Variable 1 一栏选择 R1,扫描范围从 $50 \text{ k}\Omega \sim 400 \text{ k}\Omega$,步进为 $50 \text{ k}\Omega$。观测运放输出电压 V(out),单击 Run 按钮,输出电压随 R1 变化的曲线,如图 A - 39 所示。当 R1 为 $100 \text{ k}\Omega$ 时,输出电压为 -2 V,当 R1 为 $200 \text{ k}\Omega$ 时,输出电压为 -1 V,与理论结果一致。

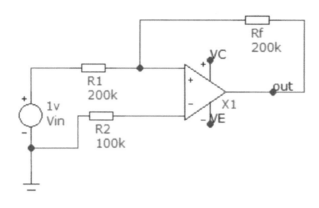

图 A - 38 反相比例运算放大电路

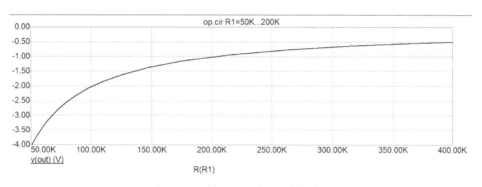

图 A - 39 输出电压随 R1 变化曲线

A.7 瞬态分析

启动 MC,从器件库中选取电压源、电阻、开关、电容和接地符号,通过开关来控制电容的充、放电,电路如图 A - 40 所示。点击工具栏 ▦,显示结点编号。

单击 Analysis/Transient,弹出对话框中,State variables 一栏设置初始状态,Zero 表示初始值为 0,点击 Add,在 Y Expression 栏中设置输出电压 v(out),设置仿真终止时间为 1ms,如图 A - 41 所示。单击 Run 按钮,可得零状态响应曲线,如图 A - 42 所示。双击 Switch 的控制键,电路如图 A - 43 所示,使电路工作在电容放电状态,点开电容参数属性对话框,在 Value 一栏用 ic 命令设置电容初始值为 30 V,如图 A - 44 所示。也可以单击菜单栏 Transient/State Variables Editor,设置结点 1 电容初始电压为 30 V,如图 A - 45 所示。可得零输入响应曲线,如图 A - 46 所示。

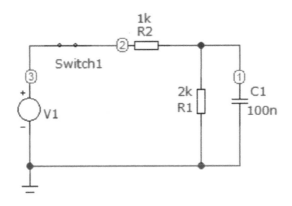

图 A-40　一阶电路

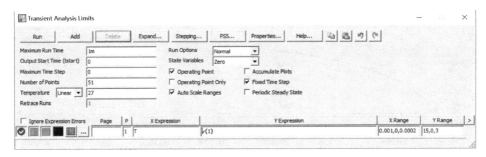

图 A-41　设置分析参数

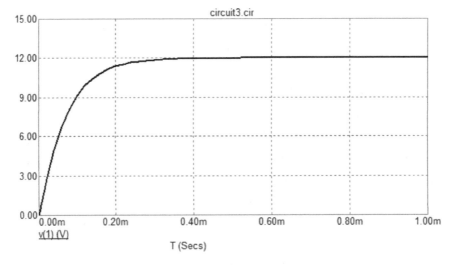

图 A-42　瞬态分析曲线

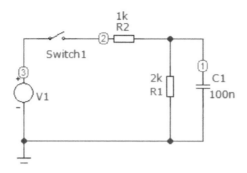

图 A - 43　电容放电电路

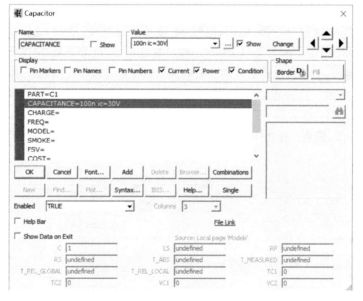

图 A - 44　电容属性对话框

图 A - 45　设定初始值

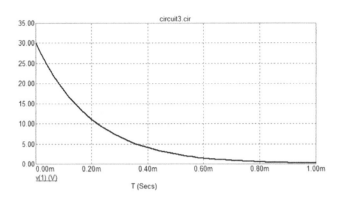

图 A-46　瞬态分析曲线

从器件库中选取电压源、电阻、电容、电感和接地符号,绘制 *RLC* 串联电路,如图 A-47 所示。单击 Analysis/Transient,弹出对话框中,点击 Add,在 Y Expression 栏中设置输出电压 v(out),设置仿真终止时间为 2 ms,如图 A-48 所示。单击 Stepping,如图 A-49 所示。选择电阻 R 参数可调,从 500 Ω 到 3500 Ω,步进 1500 Ω,分别为 500 Ω、2000 Ω、3500 Ω,电路分别工作在欠阻尼,临界阻尼和过阻尼状态。Step It 栏中选择 Yes,单击 OK 按钮。单击 Run 按钮,电容两端电压波形如图 A-50 所示。

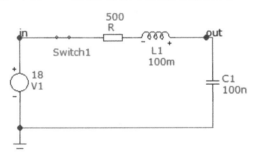

图 A-47　*RLC* 串联电路

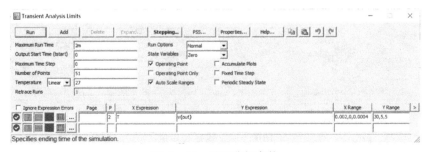

图 A-48　设置分析参数

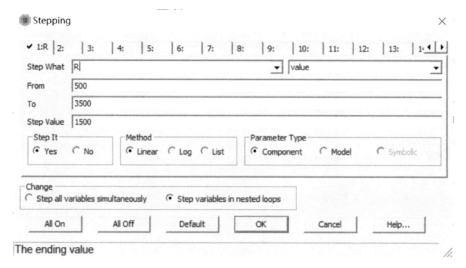

图 A-49 电阻参数

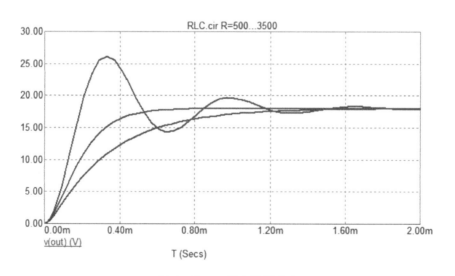

图 A-50 二阶电路的响应

A.8 交流小信号分析

启动 MC,编辑如图 A-51 所示电路,电压源 V_s 设置成振幅为 220 V、初相为 0°的正弦波,如图 A-52 所示。为了便于观测,把对应的电压相量设置为 $\dot{U} = 220\underline{/0°}$ V(相量法中有效值对应和幅值对应不影响计算结果)。

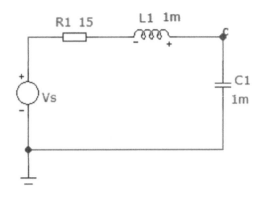

图 A - 51　电路图

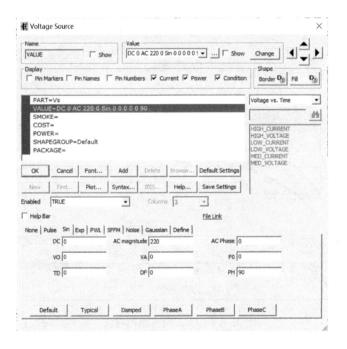

图 A - 52　参数设置

单击 Analysis/Dynamic AC 动态交流分析,弹出对话框,如图 A - 53 所示,结点电压、电流和功率 4 个数据显示按钮被激活,频率设为 50 Hz,温度 27 ℃,First 一栏选择振幅 Magnitude,Second 一栏选择相位角度 Phase in Degrees,单击 Start,电路中结点电压及相位、支路电流、器件消耗的功率都以小方块标记显示出来。可知电容两端电压相量为 $\dot{U}_C = 45.854\ \underline{/-79.172°}$ V，回路电流相量 $\dot{I} =$
$14.406\ \underline{/-169.172°}$ A，电容无功功率为 $Q_C = 330.278$ var。同时弹出对话框中显
示电压源的有功功率 $P = 1.556$ kW、无功功率 $Q = 297.681$ var、视在功率 $|S| =$
1.585 kV·A，功率因数 $\cos\varphi = 0.982196$，如图 A-54 所示。(**注**：使用有效值相量
时，软件显示的有功功率、无功功率和视在功率数值是实际值的一半，如本例中的
有功功率应该为 $P = 2 \times 1.556$ kW)

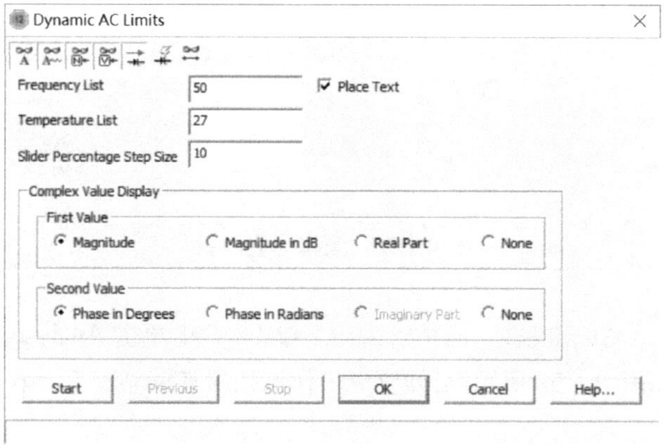

图 A-53　仿真参数设置

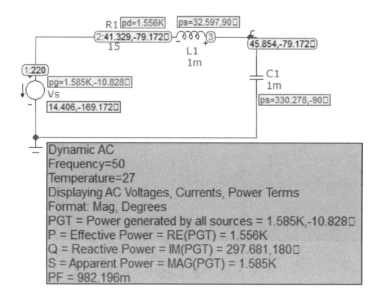

图 A-54　交流电路分析

单击 Analysis/AC Analysis,弹出对话框设置参数,将起始频率设置为 1 Hz,
终止频率设置为 10 kHz,单击 Run,v(c)的幅频特性曲线和相频特性曲线如
图 A-55所示,相频曲线相位过零点对应谐振频率接近于 157 Hz。

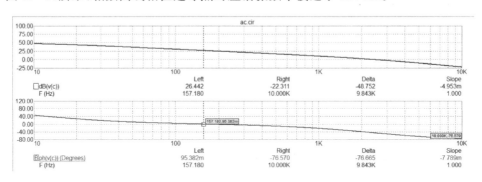

图 A-55　频率响应曲线

仿真电路如图 A-56 所示,晶体管采用 2N2102_ON,单击 Analysis/Dynamic DC,得
到直流工作点,如图 A-57 所示,可知直流工作点处的基极电流 $I_B = 20.72\ \mu A$。

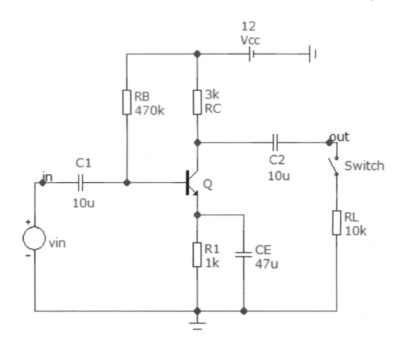

图 A-56　晶体管放大电路

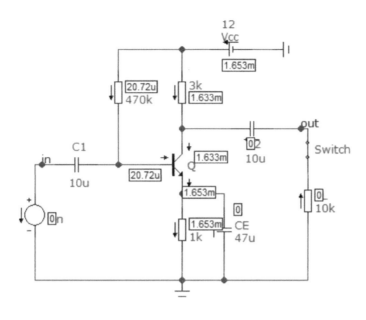

图 A-57　静态工作点

单击 Analysis/AC Analysis,弹出对话框设置参数,将起始频率设置为 10 Hz,终止频率设置为 100 MHz,单击 Run,扫描对象 v(out)/v(in)的幅频特性曲线和相频特性曲线如图 A-58 所示,可知中频段增益为 39 dB,点击，移动指针,在低频

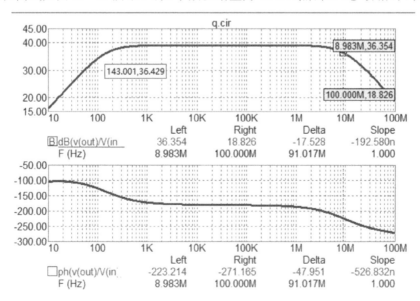

图 A-58　v(out)/v(in)的幅频特性曲线和相频特性曲线

段和高频段分别找到增益下降 3 dB 的频率，即下限频率和上限频率分别约为 143 Hz 和 9 MHz。

单击菜单栏 AC/Limits，设置扫描对象为输入电阻 v(in)/i(C1)，频率范围在上、下限频率范围内，将起始频率设置为 140 Hz，终止频率设置为 9 MHz，如图 A-59 所示。当输出电压与输入电压比 v(out)/v(in) 相移为 $-180°$ 时，输入电阻 $R_{in} = 1.374\ k\Omega$，如图 A-60 所示。

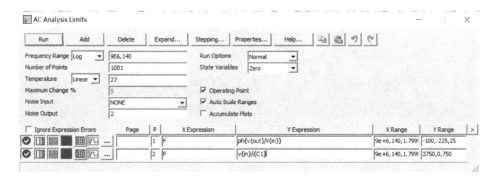

图 A-59　Limits 窗口设置仿真参数

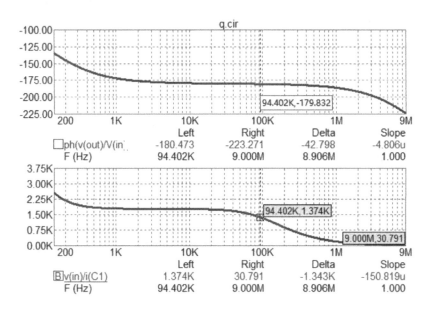

图 A-60　输入电阻

　　输入信号源 vin 置零,输出端开关 Switch 打开,利用外加电源法测量输出电阻,外加交流电压源 v1,单击菜单栏 AC/Limits,将起始频率设置为 140 Hz,终止频率设置为 9 MHz,设置扫描对象为输出电阻 v(1)/i(v1),当相移为 180° 时,输出电阻 $R_o = 2.625$ kΩ,如图 A-61 所示。在输入信号源不变的情况下,点击 Analysis/Dynamic AC,频率设为 1000 Hz,温度 27℃,测量输出开路电压 $U_{o\infty}$ 和带负载 R_L 时的输出电压 U_o,如图 A-62 所示,可得输出电阻

$$R_o = \left(\frac{U_{o\infty}}{U_o} - 1\right)R_L = 2.6 \text{ kΩ}$$

两种方法得到的输出电阻 $R_o \approx R_C$,与理论分析基本一致。

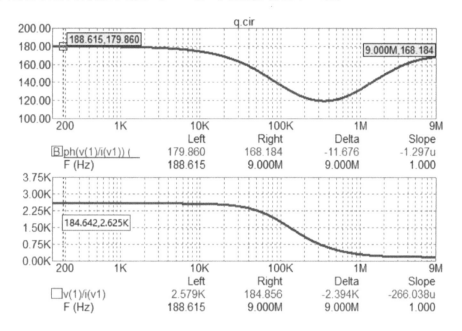

图 A-61　输出电阻

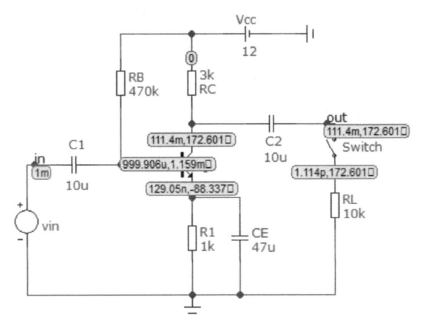

(a) 负载开路时的输出电压

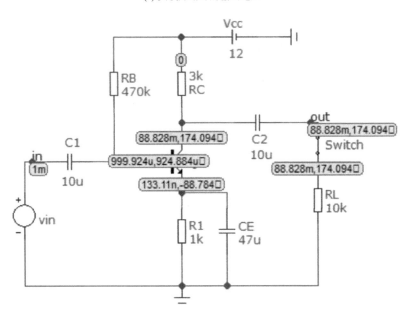

(b) 负载接入时的输出电压

图 A-62　输出电压

部分习题参考答案

第9章

9－2　$-60°$

9－3　$(2)u=150\sqrt{2}\cos(200\pi t+30°)$ V

9－4　$R=30\ \Omega,L=0.127$ H

9－5　$R=96.82\ \Omega,i=\sqrt{2}\cos(10^3t-14.48°)$ A

9－6　(a)50 V;(b)25 V

9－7　$\dot{I}=3.54\ \underline{/45°}$ A;$\dot{U}_R=70.8\ \underline{/45°}$ V;$\dot{U}_L=283.2\ \underline{/135°}$ V;$\dot{U}_C=354\ \underline{/-45°}$ V

9－8　$(1)L=L_1+L_2;(2)L=\dfrac{L_1L_2}{L_1+L_2};(3)C=\dfrac{C_1C_2}{C_1+C_2};(4)C=C_1+C_2$

9－10　$100\ \underline{/60°}\ \Omega,200\ \underline{/60°}\ \Omega$

9－11　$R=50.01\ \Omega,L=16$ mH

9－12　$3.5\pm j15\ \Omega$

9－13　(1)7.07 A;(2) 40.31 A

9－14　$1.414\ \underline{/45°}$ V

9－15　$u_o=\sqrt{2}\cos(10^6t+30°)$ V

9－16　$0.5+j0.5$ S

9－17　$53.267\ \underline{/-36.63°}$ V,$63.524\ \underline{/-46.93°}$ V,$6.548\ \underline{/29.03°}$ A

9－18　$10\ \Omega,0.1$ H,$10\ \mu$F

9－19　$\omega_0=\dfrac{1}{\sqrt{LC}}\cdot\sqrt{1-\dfrac{L}{R_2^2C}}$

9－20　$(a)\omega_0=\dfrac{1}{\sqrt{L\dfrac{C_1C_2}{C_1+C_2}}}$

$(b)\omega_s=\dfrac{1}{\sqrt{LC_2}},\omega_p=\dfrac{1}{\sqrt{L\dfrac{C_1C_2}{C_1+C_2}}}$

$(c)\omega_p=\dfrac{1}{\sqrt{LC_2}},\omega_s=\dfrac{1}{\sqrt{L(C_1+C_2)}}$

9－21　$i_R=\sqrt{2}\omega_0 CU_s\cos(\omega_0 t-90°),i=\sqrt{2}\dfrac{RC}{L}U_s\cos(\omega_0 t)$

9－22　$G=3\text{ mS},\omega C=4\text{ mS}$

9－23　$(1)\dfrac{1}{4}\text{ W};(2)\dfrac{1}{8}\text{ W}$

9－24　91.79 A,$\cos\varphi=0.98$

9－25　341.73 μF

9－26　$(1)10.22\ \Omega;(2)9.16$ A

9－27　$\omega L=8.246\ \Omega,\dfrac{1}{\omega C}=7.027\ \Omega$

9－28　80+j60 V•A

9－29　1+j1 Ω

第 10 章

10－1　$\dot{I}_a=1.17\ \underline{/-26.98°}$ A,$\dot{U}_{ab}=376.5\ \underline{/30°}$ V

10－2　$\dot{I}_a=30.08\ \underline{/-65.78°}$ A,$\dot{I}_{ab}=17.37\ \underline{/-35.78°}$ A

10－3　(1)22 A,1228.2 V;(2) 57.97 A

10－4　B 相

10－5　139.1 V

10－6　$U=332.78$ V,$\lambda=0.992$（超前）

10－7　42.4 μF

10－8　$(1)100.5+j75.4\ \Omega$
　　　　(2)920 W,920 W

10－9　(1)3.11 A;(2)2127.6 W,41.97 W

10－10　(1)65.82 A,0 A,25.6 kW
　　　　(2)65.82 A,40.5 A,5.45 kW

第 11 章

11－3　$u_1=-300\sin(10t+30°)+200e^{-5t}$ V,$u_2=200\sin(10t+30°)-150e^{-5t}$ V

11－4　291 $\underline{/14.04°}$ V

11－5　(a)6 H;(b)6 H

11－6　$(a)0.2+j0.6\ \Omega;(b)-j1\ \Omega$

11－7　52.8 mH

11－8　62.61 $\underline{/-119.74°}$ V,142.77 $\underline{/22.38°}$ V

11－9　10.85 $\underline{/-77.47°}$ A,43.85 $\underline{/-37.87°}$ A

11 - 10 $\dot{I}_1 = \dot{I}_3 = 2 \underline{/-53.13°}$ A, $\dot{I}_2 = 0$ A

11 - 11 $\dot{I}_a = 3.58 \underline{/-60.68°}$ A, $P = 1153$ W

11 - 12   4.5 W

11 - 13   j1 Ω

11 - 14   0.127 A

第 12 章

12 - 1 $\dfrac{\mathrm{j}\omega \dfrac{L}{R}}{1 + \mathrm{j}\omega \dfrac{2L}{R}}$

12 - 2 $\dfrac{\mathrm{j}\omega RC}{1 + \mathrm{j}\omega 2RC}$

12 - 3 $-\dfrac{1}{2} \cdot \dfrac{1 - \mathrm{j}\omega R_2 C}{1 + \mathrm{j}\omega R_2 C}$

12 - 4 $\dfrac{-6.9}{1 + \mathrm{j}\omega \times 84.5 \times 10^{-6}}$

12 - 5   11.11 kΩ, 40 nF

12 - 6 $\dfrac{\mathrm{j}\omega L}{1 + \mathrm{j}\omega RC - \omega^2 LC}$

12 - 7   (a) $\dfrac{\mathrm{j}\omega R_2 C_2}{1 + \mathrm{j}\omega(R_1 C_1 + R_1 C_2 + R_2 C_2) - \omega^2 R_1 R_2 C_1 C_2}$; (b) $\dfrac{\mathrm{j}\omega RC}{1 + \mathrm{j}\omega(3RC) - \omega^2 R^2 C^2}$

12 - 8 $u_R = 100 - \dfrac{200}{3} \times 0.053 \cos(2\omega_1 t - 175.21°) - \dfrac{40}{3} \times 0.0128 \cos(4\omega_1 t - 177.69°)$ V

        $P \approx 5$ W

12 - 10   159.15 Hz, 142.1 Hz

12 - 11   1.33 μF, 0.44 μF

12 - 12   −93.7, 28 Hz, 2.47 MHz

12 - 13   593 Hz

12 - 15   (1) $R_1 = R_2 = \dfrac{1}{2\pi f_0 C}$, $K = 2.9$

        (2) $R_1 = \dfrac{1}{4\pi \times 10^2 C}$, $R_2 = \dfrac{1}{4\pi \times 10^4 C}$

12 - 16 $\dfrac{-\dfrac{R_2}{R_1}}{1 + \mathrm{j}\omega\left(\dfrac{R_2 R_3}{R_1} + R_2 + R_3\right)C_2 - \omega^2 R_2 R_3 C_1 C_2}$

12-17 $\dfrac{-j\omega R_2 C_1}{1+j\omega R_1 (C_1+C_2)-\omega^2 R_1 R_2 C_1 C_2}$

12-18 $R_1=316.63\ \Omega, R_2=R_3=R_4=7.96\ \text{k}\Omega$

第 13 章

13-2 $A_f=25, A_f=45.45$

13-3 $A=3\ 000, F\geqslant0.006\ 4$

13-4 $F\geqslant0.099, A_f=10$

13-5 $f_{Hf}=1.1\ \text{MHz}, f_{Lf}=10\ \text{Hz}$

13-8 (a)$\dfrac{u_o}{u_{in}}=1+\dfrac{R_2}{R_1}$;(b)$\dfrac{u_o}{u_{in}}=1+\dfrac{R_2}{R_1}$

(d)$\dfrac{i_o}{u_{in}}=\dfrac{R_1+R_2+R_3}{R_1 R_3}, \dfrac{u_o}{u_{in}}=\dfrac{(R_1+R_2+R_3)R_L}{R_1 R_3}$

13-11 (1)$A_f=6, R_{inf}\rightarrow\infty, R_{of}\rightarrow0$;(2)$u_o=6\ \text{V}$

(3)R_1短路时 $u_o=13\ \text{V}$;R_1开路时 $u_o=1\ \text{V}$

(4)R_2开路时 $u_o=13\ \text{V}$;R_2短路时 $u_o=1\ \text{V}$

13-13 (1)$f_H=70.8\ \text{MHz}$

第 14 章

14-1 (2)$f_0=1.59\ \text{kHz}$

14-2 (2)$R\approx33\ \text{k}\Omega$

14-5 (b)$f_0\approx1.59\ \text{MHz}$

14-9 (3)$T=2RC\ln\left(1+\dfrac{2R_1}{R_2}\right)=21.97\ \text{ms}$

14-12 (2)$f\approx100U_{IN}\ \text{Hz}$

第 15 章

15-1 (1) $P_{om}=12.25\ \text{W}, \eta_m=73\%$;(2) $P_o=9\ \text{W}, \eta=62.8\%$

15-2 (2)$P_{om}=5.0625\ \text{W}, \eta=58.875\ \%$

(3) $|U_{(BR)CEO}|>24\ \text{V}, I_{CM}>1.2A, P_{CM}\geqslant1.824\ \text{W}$

15-3 (1)$A=-50$;(2) $U_{im}=280\ \text{mV}$

(3)$P_o=1.5625\ \text{W}, P_V\approx5.97\ \text{W}, \eta\approx26.1\%$

15-4 $R_{sa}=0.5\ ℃/\text{W}$

15-5 $V_{CC}=8\ \text{V}$

第 16 章

16 - 1　(1) $U_O=21.21$ V；(2)$U_O=25$ V；(3)$U_O=15.91$ V；

　　　(4)D_1 开路时 $U_O=7.95$ V，D_1 短路时电路故障

16 - 2　(2)$U_{Omin}=8.1$ V，$U_{Omax}=16.2$ V；(3)$I_{CM}=3.24$ A

16 - 3　(1)$I_O=985.39$ mA；(2)$U_O=12.55$ V

16 - 4　(a)$U_O=(U_{32}+|U_{BE}|)+R_2\left(\dfrac{U_{32}+|U_{BE}|}{R_1}+\dfrac{I_Q}{\beta+1}\right)$，$U_O=9.06$ V

　　　(b)$U_O=\left(1+\dfrac{R_2}{R_1}\right)\times15$ V，$U_{Omin}=15$ V，$U_{Omax}=22.5$ V

16 - 5　(1)$U_O=19.26$ V；(2)$U_{Omin}=1.25$ V，$U_{Omax}=31.85$ V；(3)$U_{IN}\geqslant34.85$ V

参考文献

[1] 赵录怀,王仲奕.电路基础[M].北京:高等教育出版社,2012.

[2] 申忠如,郭华.模拟电子技术基础[M].西安:西安交通大学出版社,2012.

[3] 杨拴科.模拟电子技术实用教程[M].北京:高等教育出版社,2017.

[4] 唐胜安,刘晔.电路与电子学基础[M].北京:高等教育出版社,2009.

[5] 邱关源.电路[M].5版.罗先觉,修订.北京:高等教育出版社,2006.

[6] 童诗白,华成英.模拟电子技术基础[M].5版.北京:高等教育出版社,2015.

[7] NILSSON J W,RIEDEL S A.电路:第10版[M].周宇坤,冼立勤,李莉,等译.北京:电子工业出版社,2015.

[8] ALEXANDER C K,SADIKU M N O. Fundamentals of Electric Circuits[M].影印版.北京:清华大学出版社,2000.

[9] BOYLESTAD R L,NASHELSKY L.模拟电子技术[M].李立华,李永华,许晓东,等译.北京:电子工业出版社,2013.

[10] SEDRA A S,SMITH K C.微电子电路:第5版[M].周玲玲,蒋乐天,应忍冬,等译.北京:电子工业出版社,2006.

[11] MALVINO A,BATES D J.电子电路原理:第7版[M].李冬梅,幸新鹏,李国林,等译.北京:机械工业出版社,2014.

[12] AGARWAL A,LANG J H.模拟和数字电子电路基础[M].于歆杰,朱桂平,刘秀成,译.北京:清华大学出版社,2008.

[13] 王志功,沈永朝,赵鑫泰.电路与电子线路基础[M].简明版.北京:高等教育出版社,2017.

[14] 毕满清.模拟电子技术基础[M].2版.北京:电子工业出版社,2015.

[15] Micro-Cap 12 Electronic Circuit Analysis Program User's Guide[EB/OL].[2021-12-25]http://www.spectrum-soft.com/download/ug12.pdf.

[16] Micro-Cap 12 Electronic Circuit Analysis Program Reference Manual[EB/OL].[2021-12-25]http://www.spectrum-soft.com/download/rm12.pdf.